HELLO

早餐

段晓猛◎编著

HELLO ZAOCAN

简易 美味 营养 健康 让你"厨"类拔萃 "食"来运转

中国建材工业出版社

图书在版编目（CIP）数据

HELLO早餐/ 段晓猛编著. -- 北京 ： 中国建材工业
出版社，2016.3
　　（小菜一碟系列丛书）
　　ISBN 978-7-5160-1406-6

　　I. ①H… II. ①段… III. ①保健—食谱 IV.
①TS972.161

　　中国版本图书馆CIP数据核字（2016）第048498号

HELLO早餐

段晓猛　编著

出版发行：*中国建材工业出版社*
地　　址：北京市海淀区三里河路1号
邮　　编：100044
经　　销：全国各地新华书店
印　　刷：北京盛兰兄弟印刷装订有限公司
开　　本：720mm×1000mm　1/16
印　　张：10
字　　数：158千字
版　　次：2016年4月第1版
印　　次：2016年4月第1次印刷
定　　价：32.80元

本社网址： www.jccbs.com.cn　微信公众号：zgjcgycbs

前言

PREFACE

　　科学的早餐应是低热能、营养均衡，碳水化合物、脂肪、蛋白质、维生素、矿物质和水分一样都不能少，特别是要富含膳食纤维。主要包括：以提供能量为主的，主要是碳水化合物含量丰富的粮谷类食物，如粥、面包、馒头等；以供应蛋白质为主的，主要是肉类、禽蛋类食物；以供应无机盐和维生素为主的，主要指新鲜蔬菜和水果；以提供钙为主并富含多种营养成分的，主要是奶类与奶制品、豆制品。

　　"一日之计在于晨"，早餐是一天中最重要的一餐。早餐所摄入的能量占人体一天所需能量的30%，而早餐营养的摄入不足很难在午餐和晚餐中补充回来。所以，养成吃营养早餐习惯，是每个人每天"必须做"的功课！人体经过一夜的酣睡，机体储存的营养和能量消耗殆尽，激素分泌已经进入了一个低谷，大脑和身体的各器官难为无米之炊，记忆机能处于迟钝状态。吃一顿营养早餐，犹如雪中送炭，能使激素分泌很快进入正常，直达高潮，给嗷嗷待哺的脑细胞提供所需的能量，给亏缺待摄身体补以必需的营养，让我们幸福精彩的一天，在身体最充足的活力、最良好的状态和最充足的营养水平中开始吧。

contents

目录

Part 1　传统经典营养早餐

Part 2　中式养生早点套餐

Part 3　西式浪漫早点套餐

Part 4　应时营养早餐套餐

Part 1

传统经典营养早餐

馒 头 ▶

🥘 原料

发面面团500克。

🍴 调料

发酵粉适量。

🍲 制作方法

① 在面板上撒上干面粉，取出发酵好的面团用力搓揉，直到面团表面光滑。

② 取适量的面搓成长条形，切下乒乓球大小的块，即为剂子。

③ 将剂子放在干面粉上再次发酵10分钟。如果喜欢圆形的馒头，可以先将剂子用手揉成圆团，再发酵10分钟。

④ 蒸锅中加入1／2量的凉水，将纱布过凉水后挤干，放入馒头生坯。

⑤ 凉水下锅，用中火加热15分钟，馒头成熟后关火，不要揭开盖子，静置5分钟后再出锅。

> **小提示**
>
> 馒头
> ● 馒头有利于保护胃肠道，胃酸过多、胀肚、消化不良而致腹泻的人吃烤馒头，会感到舒服并减轻症状。

🐷 原料

发面面团300克，馅料100克，干面粉适量。

🍴 调料

发酵粉适量。

🍶 制作方法

1. 饧好的面团放在干面粉上，揪下1／3，搓揉成长条状。
2. 揪下乒乓球大小的剂子，用手搓圆。
3. 将剂子按扁，右手持擀面杖，左手握住剂子边缘，右手轻轻用力擀面，左手配合旋转。
4. 将面擀成中间稍厚、四周稍薄的圆片，此时能看到中间微微凸起。
5. 将面皮放在手掌中心，手微微合拢，取适量的馅料填于面皮中心。
6. 拇指和食指捏起面皮边缘，用中指和食指配合，慢慢捏出皱褶。
7. 边捏边旋转，直到将面皮全部捏合。
8. 蒸锅中注入凉水，水量约为锅壁1／2处，放入蒸屉，有间隔地放入包子，大火加热，水开后转成小火，继续蒸15分钟即可。

小提示

包子
- 包子中的酵母可以保护肝脏，包子中所含的营养成分比大饼、面条要高出3～4倍，蛋白质增加近2倍。消化功能弱的人要多吃。

包 子 ▷

饺 子

🍯 用料

普通面团300克，馅料100克，干面粉适量。

🍲 制作方法

1. 取适量面团搓成长条形，然后均匀地揪成长约3厘米的剂子。用手搓圆，垂直按下，搓成圆片状。
2. 右手持擀面杖，左手轻轻握住面皮的边缘，一边擀面，一边转动面皮，直到擀成厚薄均匀、直径约为8厘米的面皮即可。
3. 将饺子皮置于手掌中心，手掌微微合拢，取适量已调好的馅料填在饺子皮上。轻轻将饺子皮对折，将皮的边缘置于食指和拇指之间。双手捏紧，轻轻向中间挤压，饺子即可成型。
4. 汤锅中加满水，大火烧至沸腾，放入包好的饺子，改用中火。
5. 待水再次沸腾，加入约50毫升的凉水，继续加盖煮。煮到饺子浮起，即可沥水捞出。

> **小提示**
>
> 饺子
> ● 饺子养胃健胃、补气益气、调理肠胃、滋阴补阴、提高代谢、营养丰富。

原料

水饺（或蒸饺）500克。

调料

食用油适量。

制作方法

1. 将平底锅中涂上一层油，大火加热到五成热，改成中火。
2. 间隔地放入饺子，先煎底部。
3. 待饺子发出"吱吱"声响，改成小火，慢慢将底部煎至金黄。
4. 可以根据自己的喜好，将另外几个面也煎黄。
5. 最后沥干油分，即可出锅。

煎饺

小提示

煎饺
● 煎饺表面酥黄，口感香，营养又好吃。
葱油饼
● 葱油饼可清热、祛痰、促进食欲、抗菌、抗病毒。

葱油饼

原料

面团200克。

调料

盐1茶匙，葱花适量，食用油少许。

制作方法

1. 面团揉圆，用手按扁，用擀面杖擀薄，呈圆饼状。
2. 撒上盐，并用手按匀，再淋上油，涂抹均匀。
3. 撒上葱花，然后沿饼边慢慢卷起，尽量卷得薄且均匀。
4. 卷成长条状，沿着一端绕成圆圈，并用手按扁，成圆饼状。
5. 平底锅中淋上一层油，放入面饼，用小火慢慢将其烘烤至两面金黄即可。

馄 饨

🍲 原料

馄饨皮200克，馅料100克。

🍴 调料

高汤适量，虾皮3克，紫菜5克，青菜2棵。

🔪 制作方法

1. 馄饨皮置于手掌心，目测将其大概分为3份，较窄的一边靠近自己，将肉馅填于靠近窄边的1／3处。
2. 在窄的一边内侧涂上一层清水，捏起对折至馄饨皮的2／3处，轻捏。
3. 翻面，在两侧再次涂上清水，轻轻拉拢对折即可。
4. 汤锅中加满水，大火烧至沸腾，放入包好的馄饨，改用中火，加盖煮。
5. 待水再次沸腾，加入约50毫升的凉水。
6. 煮到馄饨浮起，即可沥水捞出。
7. 加入高汤、虾皮、紫菜和已经焯烫好的青菜即可。

小提示

馄饨
- 馄饨主要原料是面粉和肉，其次还有蔬菜、鸡蛋，营养丰富，是早餐的优选。

煮面条

🐷 原料

面条200克。

🍴 调料

盐1／2茶匙，食用油少许。

🥄 制作方法

① 汤锅中倒入清水(水量约至锅壁2／3处)。大火煮开，看到冒泡后转成中火，加入盐和食用油。

② 用手握住面条一端，垂直放入锅中，手自然松开，面条即刻会四散开，稍过几秒钟面条底部开始变软，用筷子轻轻沿一个方向搅拌，面条会全部浸泡在水中。

③ 继续用中火煮，等水烧开，添加半碗凉水，继续煮至水开，再加入相同量的凉水，烧开后调成小火，继续煮1分钟，面条就煮熟了。

小提示

煮面条
● 面条易于消化吸收，有改善贫血、增强免疫力、平衡营养吸收等功效。
巧吃方便面
● 方便面食用时多搭配水果及蔬菜，便能补充人体所需的营养。

巧吃方便面

🐷 原料

方便面1包（80克），油菜3棵，胡萝卜片5片，牛肉适量。

🍴 调料

调味粉5克，葱花适量。

🥄 制作方法

① 油菜洗净备用，牛肉洗净切块。

② 汤锅加入清水，大火烧开后转成中火，放入牛肉块。

③ 待牛肉熟，放入面饼，待面饼开始变软，放入切好的胡萝卜片，并加入调味粉。

④ 最后放入油菜，半分钟后即可关火，撒上适量葱花调味。

煮鸡蛋

🐷 用料
鸡蛋。

🥄 制作方法
1. 汤锅中加入凉水，放入鸡蛋，保持中火。
2. 水煮开，将火调小，保持水微微沸腾的状态。
3. 继续煮8分钟，用漏勺捞出，立即放入凉水中浸泡。
4. 待鸡蛋外部冷却后即可捞出。

小提示

煮鸡蛋
● 鸡蛋可滋补强身、抗高血压、调血脂、强身健脑。

蒸蛋羹
● 蛋羹可健脑益智、保护肝脏、防治动脉硬化、延缓衰老、美容护肤。

🐷 原料
鸡蛋2个。

🍴 调料
盐1／2茶匙。

🥄 制作方法
1. 鸡蛋液打散，直到蛋清和蛋黄均匀混合在一起。加入蛋液1倍量的凉开水，一边加入一边拌匀，然后加入盐，充分搅匀。
2. 用漏网过滤，或用厨房纸巾仔细地将蛋液表面的气泡吸干，保证液体表面光滑平整。
3. 盖上一层保鲜膜，放入蒸锅中，待蒸锅中的水沸腾，转为小火，蒸约10分钟即可。

蒸蛋羹

煎鸡蛋

🍳 原料

鸡蛋2个，煎蛋器或洋葱圈2个。

🍴 调料

盐1/4茶匙，食用油适量。

🔨 制作方法

① 平底锅中淋上一层薄油，加热到七成热，放入煎蛋器或切好的洋葱圈。

② 将磕开的蛋液倒入煎蛋器或洋葱圈里，用小火慢慢煎至底部定型，均匀地撒上一些盐，待颜色变成金黄色即可。

小提示

煎鸡蛋
● 蛋清的食疗作用主要是润肺利咽，清热解毒；蛋黄加乳汁适量服用有治疗惊厥的作用。

炒鸡蛋
● 鸡蛋可修复人体组织、形成新的组织、消耗能量和参与复杂的新陈代谢过程等。

🍳 原料

鸡蛋2个。

🍴 调料

盐3克，料酒1汤匙，香葱1根，食用油适量。

🔨 制作方法

① 蛋液打散，加入料酒和清水，再次搅拌均匀。

② 香葱切成碎末备用。

③ 炒锅中加入油，油量能没过锅底即可，加热到八成热。

④ 将蛋液倒入锅中，用锅铲快速滑散，待蛋液凝固，加入盐拌匀，最后撒上适量香葱末即可出锅。

炒鸡蛋

茶叶蛋

🥚 原料

鸡蛋3个，绿茶3克。

🍴 调料

酱油、盐、大料、花椒、桂皮、姜片各适量。

🥄 制作方法

汤锅置火上，放入洗净的鸡蛋、绿茶和所有调料，倒入没过鸡蛋的清水置火上煮开，转中火煮5分钟，用汤勺背将鸡蛋敲裂，盖上锅盖再煮5分钟，关火，浸泡至入味即可。

小提示

茶叶蛋
● 茶中含有咖啡因、单宁酸、氟化物等成分，绿茶则富含茶多酚。鸡蛋中则含丰富的氨基酸、蛋白质和微量元素等，每天1～2个，人体可以充分吸收它的营养。

咸鸭蛋
● 咸鸭蛋清肺火、降阴火功能比未腌制的鸭蛋更胜一筹，煮食可治愈泻痢。其中咸蛋黄油可治小儿积食。

🥚 原料

鲜鸭蛋20个、清水1000毫升。

🍴 调料

盐150克、白酒120毫升。

🥄 制作方法

① 鲜鸭蛋清洗干净，擦干水。

② 将清水烧开，倒入盐搅拌至融化，待其自然彻底冷却，加入白酒搅匀，倒入玻璃或陶瓷盛器中，轻轻地将蛋壳磕裂一点，浸入盐水里密封即可。

咸鸭蛋

炝拌土豆丝

🥘 原料

土豆250克。

🍴 调料

葱、干红辣椒段、盐、味精、白糖、醋、植物油各适量。

🍳 制作方法

① 土豆去皮，洗净，切丝；葱择洗干净，切成葱花。

② 汤锅置火上，倒入适量热水烧沸，放入土豆丝焯熟，用笊篱捞出，过凉，沥干水分，装盘，放入盐、味精、白糖、醋。

③ 炒锅置火上烧热，倒入植物油，炸香葱花和干红辣椒段，淋在盘中的土豆丝上拌匀，即可。

小提示

炝拌土豆丝
● 此菜有和中养胃、健脾利湿、宽肠通便、降糖降脂、美容养颜、利水消肿、减肥、美容护肤的作用。

凉拌海带丝
● 海带丝预防甲状腺低下，有清凉解署、减肥降压、补肾利尿的功效。

🥘 原料

水发海带丝250克。

🍴 调料

葱丝、蒜蓉、白糖、醋、盐、味精、辣椒油各适量。

🍳 制作方法

① 水发海带丝洗净，切成易入口的小段。

② 汤锅置火上，倒入适量热水烧沸，放入海带丝焯水，用笊篱捞出，过凉，沥干水分，装盘，加白糖、醋、盐、味精、葱丝、蒜蓉和少许辣椒油拌匀，即可。

凉拌海带丝

凉拌黄瓜

🦀 原料

黄瓜1根、红辣椒1个。

🍴 调料

盐、味精、醋、香辣豆瓣酱、香油各适量。

🍶 制作方法

1. 将黄瓜快速冲洗一下，切去两头，用刀拍散，切成段，放入盘中。
2. 清洗红辣椒，切段。
3. 加入盐、味精、香辣豆瓣酱、醋、香油，搅拌均匀就可以上桌了。

小提示

凉拌黄瓜
● 此菜有抗衰老、防酒精中毒、降血糖、减肥强体、健脑安神的作用。

红油咸菜丝
● 此菜有清热除火、生津止渴、安神除烦、润肠的作用。

🦀 原料

咸菜疙瘩（芥菜）100克、香葱10克，红椒1个。

🍴 调料

盐、味精、酱油、香油各适量。

🍶 制作方法

1. 咸菜疙瘩洗净，切细丝，放入清水中浸泡掉咸味，捞出，沥干水分；香葱择洗干净，切段，红椒切末。
2. 取盘，放入咸菜丝，加香葱段、红椒末、盐、味精、酱油、香油拌匀后即可食用。

红油咸菜丝

什锦蔬菜沙拉

🥗 原料

玉米、土豆、黄瓜、紫甘蓝、番茄、生菜各50克。

🍴 调料

千岛酱适量。

🍳 制作方法

1. 玉米煮熟取粒；土豆去皮，洗净，切丝；黄瓜、番茄洗净，去蒂，切片；紫甘蓝择洗干净，切丝；生菜择洗干净，平铺在盘底。
2. 汤锅置火上，倒入适量清水烧开，放入土豆丝焯熟，再放入紫甘蓝焯烫30秒，捞出沥干水分。
3. 取盆，放入除生菜外的所有食材，加千岛酱拌匀，倒在盘中的生菜叶上即可。

水果沙拉

🥗 原料

西瓜、菠萝，芒果、火龙果、苹果、青柠檬各1／2个。

🍴 调料

酸奶50毫升、蜂蜜10毫升。

🍳 制作方法

1. 西瓜取瓤切块；芒果去皮切小丁；火龙果切块；菠萝去皮切小块；苹果洗净，去蒂和皮，除核，切块。
2. 取碗，放入酸奶、蜂蜜，用青柠檬挤入青柠檬汁，搅拌均匀，制成沙拉酱。
3. 取盘，放入切好的水果，淋上沙拉酱即可。

小提示

什锦蔬菜沙拉
● 此菜可为人体提供丰富的维生素、矿物质和纤维素等人体必需营养元素。

水果沙拉
● 水果中含有丰富的维生素C、维生素A以及人体必需的各种矿物质、大量的水分和纤维质，可以促进健康，增强免疫力。

豆腐脑

🍲 原料

胡萝卜50克、豆腐脑100克、腐竹50克、花生米50克。

🍴 调料

植物油、香菜、盐、味精、水淀粉、胡椒粉各适量。

🥄 制作方法

1. 将胡萝卜、香菜、腐竹分别洗净，切末；豆腐脑放入蒸笼蒸5分钟，取出，摆放在碗中央，待用。

2. 锅置火上，倒植物油烧热，放入胡萝卜、腐竹、花生米及适量水翻炒，加入盐、味精、胡椒粉调味，用水淀粉勾芡，淋在豆腐脑上，撒上香菜末即可。

小提示

豆腐脑
● 豆腐脑性平、味甘；有补虚损、润肠燥、清肺火、化痰浊的作用。

黄豆豆浆
● 豆浆可降血糖、养颜、防止脑中风。

🍲 原料

干黄豆30克、白糖适量。

🍴 调料

水800毫升。

🥄 制作方法

1. 干黄豆入清水浸泡6～8小时，洗净。

2. 把浸泡好的黄豆倒入全自动豆浆机中，加水至上、下水位线之间，煮至豆浆机提示豆浆做好，过滤后依个人口味加适量白糖调味后饮用即可。

黄豆豆浆

用料

玉米渣100克。

制作方法

1. 玉米渣淘洗干净。
2. 锅内倒入适量清水烧沸，放入玉米渣大火煮沸，再用小火熬至粥稠即可。

玉米粥

小提示

玉米粥
● 玉米所含的纤维素、胡萝卜素，具有增强肠壁蠕动、排除毒素的作用。

皮蛋瘦肉粥
● 松花蛋有刺激消化器官、增进食欲、促进营养的消化吸收作用，中和胃酸，清凉，降压。

皮蛋瘦肉粥

原料

大米100克、皮蛋1个、里脊肉50克。

调料

葱花、姜丝、盐、鸡精、胡椒粉各适量。

制作方法

1. 大米淘洗干净；皮蛋去壳，切丁；里脊肉放入沸水锅中焯烫，洗净，切丁。
2. 大米放入锅中，加适量清水，大火烧开，转小火熬煮成稀粥。
3. 往锅中放皮蛋丁、里脊肉丁，煮至黏稠。
4. 加葱花、姜丝、盐、鸡精、胡椒粉煮至入味即可。

紫菜蛋花汤

🦪 原料

黄瓜1根、鸡蛋3个、干紫菜10克、西红柿1个。

🍴 调料

葱、香菜叶、盐、味精、香油各适量。

🥄 制作方法

1. 黄瓜洗净，去蒂，切片；鸡蛋洗净，磕入碗中，打散；干紫菜撕成小片；西红柿洗净，切片；葱择洗干净，切成葱花。

2. 汤锅置火上，倒入适量清水烧沸，放入黄瓜片、西红柿片和葱花煮开，淋入鸡蛋液搅成蛋花，下入紫菜搅拌均匀，加盐和味精调味，再淋上香油，撒上香菜叶即可。

小提示

紫菜蛋花汤
● 紫菜性味甘、咸寒，具有化痰软坚、清热利水、补肾养心的功效。

番茄鸡蛋汤
● 此汤可健脑益智、保护肝脏、防治动脉硬化。

🦪 原料

鸡蛋1个、番茄250克、葱花10克。

🍴 调料

植物油、盐、味精各适量。

🥄 制作方法

1. 将番茄洗净，从中间剖成两半，然后改刀横切成厚片备用。

2. 将鸡蛋液打入碗中，略加些盐，用筷子顺同一方向搅拌均匀备用。

3. 锅置火上，倒入适量油烧热，放入番茄片，炒至番茄半熟时加入1000毫升清水，大火煮开后倒入鸡蛋液，再煮开后放入葱花、盐、味精调味即可。

番茄鸡蛋汤

黑芝麻糊

原料

黑芝麻、糯米粉各350克。

调料

白糖适量。

制作方法

1. 黑芝麻洗净，沥干水分，晾干，用无油无水的炒锅小火炒熟、炒香，盛入无水的盛器中晾凉，再放入搅拌机的干磨杯中打磨成黑芝麻粉，装入无水且干净的瓶中。

2. 无油无水的炒锅置火上，倒入糯米粉，小火炒至颜色微黄，盛入无水的盛器中晾凉，装入无水且干净的瓶中。

3. 将炒制好的黑芝麻粉、糯米粉和白糖以2:1:1的比例装入杯中，冲入适量开水，搅拌至糊状即可。

小提示

黑芝麻糊

● 芝麻味甘、性温，有补血、润肠、通乳、养发等功效，适于治疗身体虚弱、头发早白、贫血、大便燥结、头晕耳鸣等症状。黑芝麻糊的效用更胜鲜奶，食多皮肤会滑溜、少皱纹，还会令肤色红润白净。

油 条

🍲 原料
面粉、水、油、鸡蛋。

🍴 调料
酵母、小苏打、盐。

🔪 制作方法

1. 面包机里先倒入水，然后倒入面粉，撒入酵母，然后用面粉覆盖，再倒进鸡蛋液，在面粉上倒入盐、小苏打。将所有材料混合揉匀，揉至光滑。（没有面包机的可以直接和面。）
2. 揉好的面团取出，擀开然后从三分之一处对折，然后将另一边也对折，如此重复擀开对折两三次。
3. 将对折好的面团放入刷过油的盘子里，放冰箱静置一晚。
4. 将静置好的面团取出，案板上抹油。将面团擀开。用刀切成三公分宽的条状，两个放一起，中间用筷子压一下，两手拉住两个面头，轻轻拉扯，放入热好的油锅中炸至两面金黄即可。

小提示

油条
- 油条对胃酸有抑制作用，并且对某些胃病有一定的疗效。油条含有大量的铝、脂肪、碳水化合物，部分蛋白质，少量的维生素及钙、磷、钾等矿物质，是高热量、高油脂食品。

Part 2 中式养生
早点套餐

精力充沛早餐

红薯蒸饭+蒜薹炒肉+鲜橘子汁

食材清单：大米100克、红薯50克、蒜薹300克、猪瘦肉100克、橘子2个（中等大小）、蜂蜜适量。

	名称	烹调难易程度	头天准备时间	早上烹调时间	烹调方法	滋味点评
主食	红薯蒸饭	普通级	5分钟	定时做好	蒸	绵软、微甜
菜品	蒜薹炒肉	普通级	3分钟	4分钟	炒	清脆、滑嫩
饮品	鲜橘子汁	入门级	1分钟	5分钟	榨汁	清爽、甜酸
营养分析	美国营养学家克拉克说："科学地选择食物，能使人精力充沛。"这份早餐中的大米和红薯富含碳水化合物，使我们的身体在整个上午源源不断地获得能量；同时，鲜橘子汁富含维生素C，而维生素C有助于人体吸收猪瘦肉中的铁质，使细胞获得滋养，使人精力更充沛。					

食材料理准备

红薯蒸饭

将蒸饭用到的大米和红薯处理好，一同倒入带有定时功能的电饭煲中，加入适量清水，设定好将米饭蒸好的时间就可以了，第二天一早打开锅盖就能吃到热乎乎的红薯饭了！

蒜薹炒肉

1.把蒜薹择洗干净，沥干水分，装入保鲜袋中，放进冰箱冷藏。

2.猪瘦肉清洗干净，切丝，放入小碗中，加淀粉、酱油和少许香油拌匀，罩上保鲜膜，放入冰箱冷藏。

鲜橘子汁

橘子清洗干净，沥干水分。

巧妙用时逐步盘点

蒜薹炒肉和榨鲜橘子汁都是需要各自专心来做的，不能两个同时交替进行。所以，在专心做完蒜薹炒肉后再去榨鲜橘子汁，最后把定时蒸好的红薯饭盛入两个人的碗中，就可以开饭了，总用时不到11分钟！

🍲 **原料**

大米100克、红薯50克。

🍴 **调料**

水适量。

红薯蒸饭

🍳 **制作方法**

① 大米淘洗干净；红薯洗净，去皮，切块。

② 大米和红薯块一同倒入电饭煲中，加入适量清水，盖严锅盖，将电饭煲的插头接通电源，选择"蒸饭"选项后按下"定时"键，蒸至电饭煲提示米饭蒸好即可。

小提示

红薯蒸饭
● 红薯营养均衡，具有防止亚健康、减肥、健美等作用。

鲜橘子汁
● 橘子性平，味甘酸，有生津止咳的作用，用于胃肠燥热之症；有和胃利尿的功效。

鲜橘子汁

🍲 **原料**

橘子2个。

🍴 **调料**

水、蜂蜜适量。

🍳 **制作方法**

① 把橘子去皮除籽，切块。

② 将橘子块放入榨汁机中打成汁。

③ 将榨好的橘子汁倒入杯中，加入适量蜂蜜调匀即可。

蒜薹炒肉

🦞 原料

蒜薹300克、猪瘦肉100克。

🍴 调料

酱油、盐、味精、植物油各适量。

🥘 制作方法

① 从冰箱中取出蒜薹和腌好的猪瘦肉，将蒜薹切段。

② 炒锅置火上烧热，倒入植物油，放入猪肉丝煸熟，再下入蒜薹炒熟，最后加盐和味精调味即可。

小提示

蒜薹炒肉
● 蒜薹含有大蒜素、大蒜新素和辣素，此菜具有清肠利便、抗菌杀菌、温中下气的功效。

2人份
套餐二

蜂蜜粥+蒸玉米棒+姜汁菠菜+香蕉

食材清单： 大米50克、玉米棒2个、菠菜300克、香蕉2个、蜂蜜1小勺。

	名称	烹调难易程度	头天准备时间	早上烹调时间	烹调方法	滋味点评
主食	蜂蜜粥	普通级	2分钟	定时做好	煮	爽滑、微甜
	蒸玉米棒	入门级	2分钟	10分钟	蒸	鲜嫩、微甜
菜品	姜汁菠菜	普通级	8分钟	4分钟	拌	脆嫩、咸香
营养分析	对现代人来说，吃好早餐很重要，不能马马虎虎，这样才能保证旺盛的精力。这份早餐在保持充沛精力方面就很不错：菠菜富含镁，镁摄入量不足人就会感到疲乏，同时镁能将粥、玉米棒中的碳水化合物转化为可利用的能量；蜂蜜含有葡萄糖、果糖、蛋白质、酶、维生素和多种矿物质，早餐吃一些能使精力充沛；此外，香蕉富含钾。钾具有消除疲劳的效果。					

食材料理准备

蜂蜜粥

将煮粥用到的大米处理好后倒入带有定时功能的电饭煲中，加入足量的清水，设定好将粥煮好的时间，第二天一早打开锅盖就能吃到热乎乎的粥了！

玉米棒

把玉米棒剥去玉米皮，洗净，沥干水分，装入保鲜袋中，送进冰箱冷藏。

姜汁菠菜

1.菠菜择洗干净，沥干水分，装入保鲜袋中，放入冰箱冷藏。

2.姜洗净，去皮，切末，放入小碗中，加少许凉开水浸泡，制成姜汁，包上保鲜膜，送进冰箱冷藏。

巧妙用时逐步盘点

玉米棒放进蒸锅蒸制，在另一个火上将焯菠菜的水烧上。等待水烧开的时候将做好的粥盛入碗中稍微凉一下，随后水烧开了，将菠菜放入水中焯烫。菠菜焯好切好，加调料拌一下，再在粥中淋入蜂蜜搅拌均匀。等待约4~5分钟，玉米棒蒸好了，取出装盘上桌，就可以享用丰盛的早餐了！总用时不到11分钟！

蜂蜜粥

原料

蜂蜜1小勺、大米50克。

调料

水适量。

制作方法

1. 大米淘洗干净。
2. 将大米倒入电饭煲中，加入足量清水，盖严锅盖，将电饭煲的接头接通电源，选择"煮粥"选项后按下"定时"键，煮至电饭煲提示粥煮好，待粥凉至温热，淋入蜂蜜搅拌均匀即可。

小提示

蜂蜜粥
● 蜂蜜粥可补中缓急，润肺止咳，润肠通便。

蒸玉米棒
● 玉米可减肥、降血压降血脂、增加记忆力、抗衰老、明目、促进胃肠蠕动。

用料

玉米棒2根。

制作方法

1. 从冰箱中取出玉米棒。
2. 蒸锅置火上，倒入适量清水，放上蒸屉，放入玉米蒸制，待锅中的水开后再蒸8分钟即可。

蒸玉米棒

姜汁菠菜

🐨 原料

菠菜300克。

🍴 调料

姜汁、盐、味精、香油各适量。

🥄 制作方法

① 从冰箱中取出菠菜和姜汁。

② 汤锅置火上，倒入适量热水烧开，放入菠菜焯烫30秒，用笊篱捞出，过凉，攥去水分，切段，装盘，加盐和味精，淋上姜汁和香油拌匀即可。

小提示

姜汁菠菜
● 此菜具有促进生长发育、保障营养、增进健康、促进人体新陈代谢、清洁皮肤、抗衰老的功效。

3人份
套餐一

南瓜焖饭+青椒炒腐竹+白菜心拌海蜇+酸奶+桃子

食材清单：大米125克、南瓜50克、青红椒150克、干腐竹25克、白菜心150克、海蜇50克、桃子3个、香蕉2个、蜂蜜1小勺。

	名称	烹调难易程度	头天准备时间	早上烹调时间	烹调方法	滋味点评
主食	南瓜焖饭	普通级	4分钟	定时做好	蒸	软糯、微甜
菜品	青椒炒腐竹	普通级	3分钟	4分钟	炒	脆嫩、咸香
	白菜心拌海蜇	入门级	3分钟	5分钟	拌	脆、咸鲜

营养分析	数不清的案头工作、会议、出差，让我们的身体容易不在状态，吃好早餐可以帮我们振奋精神，为一天的工作和学习做好准备：大米所富含的碳水化合物，会平稳地提升我们的血糖浓度，维持身体一上午的营养供给，使精力充沛；香甜软糯的南瓜，维生素B6的含量比较丰富，能让我们保持愉快的心情，可以让我们整个上午不感觉疲倦。

食材料理准备

南瓜蒸饭

将蒸饭用到的大米和南瓜处理好后一同倒入带有定时功能的电饭煲中，加入适量清水，设定好将饭蒸好的时间，第二天一早打开锅盖就能吃到热乎乎的南瓜焖饭了！

青椒炒腐竹

1.青椒洗净，沥干水分，装入保鲜袋中，放入冰箱冷藏。

2.把干腐竹放入清水中浸泡。

白菜心拌海蜇

1.白菜心择洗干净，沥干水分，装入保鲜袋中，放入冰箱冷藏。

2.海蜇清洗干净，切丝，放入淡盐水中浸泡去咸涩味。

巧妙用时逐步盘点

这套早餐一道凉拌菜、一道热菜，因为凉菜有食材焯水的过程，所以只能一道一道烹调，建议先做凉菜。白菜心切丝后拌入泡去咸涩味的海蜇丝，再把泡发好的腐竹洗净，与青椒一同切好后下锅炒制即可。两道菜做好后，把蒸好的南瓜焖饭盛入碗中，桃子洗好，就可以开饭了，总用时12分钟！

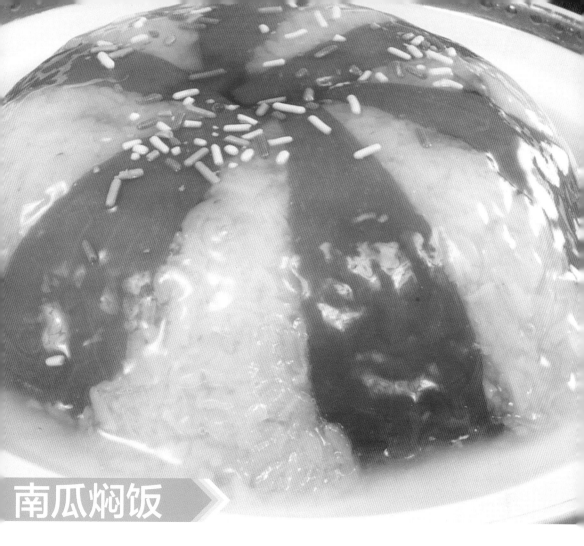

南瓜焖饭

🍮 用料

大米125克、南瓜50克。

🍳 制作方法

1. 大米淘洗干净；南瓜去皮，除瓤和籽，洗净，切块。

2. 大米和南瓜块一同倒入电饭煲中，加入适量清水，盖严锅盖，将电饭煲的插头接通电源，选择"蒸饭"选项后按下"定时"键，蒸至电饭煲提示米饭蒸好即可。

小提示

南瓜焖饭
● 南瓜具有保护胃黏膜、降血糖降血压、预防中风、通畅大便、丰美肌肤的功效。

原料

青椒150克、红辣椒150克、干腐竹25克。

调料

葱花、酱油、盐、味精、水淀粉、植物油各适量。

制作方法

1. 把浸泡好的腐竹挤干水分，切斜段；从冰箱中取出青椒，去蒂、去籽，切片。
2. 炒锅置火上，倒油烧至五成热，放入腐竹、葱花略炒，加酱油、盐及少许清水，小火烧透入味，再放入青椒、味精炒匀，用水淀粉勾芡即可。

青椒炒腐竹

小提示

青椒炒腐竹
● 此菜具有清热润肺、止咳消痰、开胃消食的功效。

白菜心拌海蜇
● 此菜具有行淤化积、清热化痰，对气管炎、哮喘、胃溃疡有食疗作用。

白菜心拌海蜇

原料

白菜心150克、海蜇50克。

调料

蒜末、盐、味精、醋、香油各适量。

制作方法

1. 从冰箱里取出白菜心，切成细丝。
2. 取盘，放入白菜丝和浸泡去咸涩味的海蜇丝，加蒜末、盐、味精、醋、香油拌匀即可。

3人份
套餐二

蛋炒饭+炒花生米+糖醋萝卜丝+苹果

食材清单：鸡蛋1个、熟米饭（蒸）300克、心里美萝卜250克、花生米100克、苹果3个。

	名称	烹调难易程度	头天准备时间	早上烹调时间	烹调方法	滋味点评
主食	蛋炒饭	普通级	3分钟	7分钟	炒	香糯
菜品	炒花生米	普通级	2分钟	4分钟	炒	酥脆、咸香
	糖醋萝卜丝	普通级	2分钟	3分钟	拌	爽脆、酸甜
营养分析	繁忙的都市生活，您多久没有精力充沛的感觉了？早起几分钟，给自己和家人做一套这样的早餐吧：炒饭富含碳水化合物，鸡蛋富含优质蛋白质，萝卜和苹果富含维生素、矿物质和膳食纤维，不但干稀搭配，而且营养全面、均衡，营养充足当然精力充沛！					

食材料理准备

蛋炒饭

1.取300克熟米饭装入大碗中，盖上保鲜膜，放进冰箱冷藏。

2.鸡蛋清洗干净，擦干表面的水分，放入盘中，送入冰箱冷藏。

炒花生米

将花生米挑去杂质，洗净，沥干水分，装盘，室温存放就可以。

糖醋萝卜丝

心里美萝卜洗净，沥干水分，装入保鲜袋中，扎紧袋口，放进冰箱冷藏。

巧妙用时逐步盘点

把早餐需要的主食和菜品做好。由于都是快手的制作，制作过程没有多少等待的时间，所以只能一道一道烹调。依次做完蛋炒饭、拌糖醋萝卜丝、炒花生米，再把苹果清洗干净，就可以开饭了！总用时15.5分钟！

蛋炒饭

原料

鸡蛋1个、熟米饭300克。

调料

盐、味精、植物油各适量。

制作方法

1. 从冰箱中取出准备好的熟米饭和鸡蛋，把鸡蛋磕入碗中，打散。

2. 炒锅置火上烧热，倒入植物油，淋入鸡蛋液炒熟，盛出；在原锅的底油中下入熟米饭，翻炒至米粒蹦起，加炒熟的鸡蛋和盐、味精拌炒均匀即可。

小提示

蛋炒饭
● 鸡蛋具有健脑益智、保护肝脏、延缓衰老、美容护肤的功效。

炒花生米
● 花生米具有增强记忆、抗老化、延缓脑功能衰退、滋润皮肤的功效。

炒花生米

原料

花生米100克。

调料

盐、植物油各适量。

制作方法

炒锅置火上烧热，倒入植物油，放入已清洗干净的花生米，中火翻炒至花生米发出"噼啪"的响声，转小火炒至花生米不再发出"噼啪"的响声，盛出，撒上盐拌匀即可。

糖醋萝卜丝

🥗 原料

心里美萝卜250克。

🍴 调料

盐、白糖、味精、醋、香油各适量。

🥢 制作方法

1. 从冰箱中取出准备好的萝卜，用刨丝刀擦成细丝，装盘。
2. 取小碗，加盐、白糖、味精、醋、香油搅拌均匀，制成调味汁，淋在盘中的萝卜丝上拌匀即可。

小提示

糖醋萝卜丝
● 此菜具有增强抵抗力、降糖降脂作用，对于胸闷气喘、食欲减退、咳嗽痰多等都有食疗功效。

低热量早餐

2人份
套餐一

黑米面馒头+开胃木耳+脱脂牛奶+鲜枣

食材清单：黑米面馒头300克、水发木耳100克、青红椒50克、鲜枣150克、脱脂牛奶400毫升。

	名称	烹调难易程度	头天准备时间	早上烹调时间	烹调方法	滋味点评
主食	黑米面馒头	普通级	1分钟	1分钟	蒸	暄软、微甜
菜品	开胃木耳	普通级	3分钟	2分钟	拌	脆嫩、微甜
营养分析	中午在外面吃工作餐、晚上加班吃外卖的朋友，可以为自己做一份这样清淡少油的低热量早餐：黑米面馒头可满足整个上午身体对碳水化合物的需要；青红辣椒、木耳和红枣富含的维生素和矿物质，能让上午工作和学习时精神专注而集中；优质蛋白质来源于热量较低的脱脂牛奶，这样一份低热量早餐，能减少中餐和晚餐都在外面吃导致热量过多摄入带来的健康危害！					

食材料理准备

黑米面馒头

从外面买回来或自己提前做好的黑米面馒头，夏季要装入保鲜袋中，送进冰箱冷藏。

开胃木耳

1. 水发木耳择洗干净，撕成小朵，放入盘中，送进冰箱冷藏。

2. 青红椒洗干净，沥干水分，与水发木耳一起放在一个盘子里。

巧妙用时逐步盘点

在等焯烫木耳的水烧开的时候，先把青椒、红辣椒切成片，然后依次把黑米面馒头和脱脂牛奶放入微波炉里用高火各加热1分钟。水烧开后把木耳焯好，拌制开胃木耳，而后将鲜枣清洗一下，就可以与家人一起享用早餐啦！总用时不到7分钟！

黑米面馒头

🐷 原料

面粉50克、黑米面25克、酵母适量。

🍴 调料

🍳 制作方法

1. 酵母用35℃的温水融化并调匀；面粉和黑米面倒入盆中，慢慢地加酵母水和适量清水搅拌均匀，揉成光滑的面团。
2. 将面团平均分成若干小面团，揉成团，饧发30分钟，送入烧沸的蒸锅蒸15至20分钟即可。

小提示

黑米面馒头
- 黑米具有滋阴补肾、明目、活血、有利于防治头昏贫血的功效。

开胃木耳
- 木耳具有补气血、减肥、防治便秘、清肠胃的功效。

开胃木耳

🐷 原料

水发木耳100克、青红椒50克。

🍴 调料

盐、白糖、味精、醋、香油各适量。

🍳 制作方法

1. 从冰箱中取出木耳、青椒和红辣椒，青椒、红辣椒，去蒂、去籽，切段。
2. 锅置火上，倒入适量热水烧开，放入木耳焯烫，用笊篱捞出，过凉，沥干水分。
3. 取盘，放入青椒、红辣椒、木耳，加盐、白糖、醋、味精拌匀，淋上香油即可。

2人份 套餐二

凉拌燕麦面条+西蓝花炒虾仁+柠檬水

食材清单：燕麦面条250克（干）、黄瓜50克、西蓝花300克、鲜虾仁100克、红椒1个、香菜少许、柠檬1/2个、蜂蜜适量。

	名称	烹调难易程度	头天准备时间	早上烹调时间	烹调方法	滋味点评
主食	凉拌燕麦面条	普通级	5分钟	9分钟	煮、拌	爽滑、咸香
菜品	西蓝花炒虾仁	普通级	5分钟	3分钟	炒	脆嫩、咸鲜
营养分析	低热量早餐对于大鱼大肉摄入量过多的现代人来说，是比较健康的，也很适合有减肥愿望的人，这套早餐中的燕麦面条、西蓝花、虾仁、柠檬都是低热量食物，既能满足身体整个上午对各种营养素的需求，又同时具有较好的减肥功效。					

食材料理准备

凉拌燕麦面条

香菜、红椒择洗干净，沥去水分；黄瓜清洗干净，与香菜、红椒放入一个盘中，罩上保鲜膜，送进冰箱冷藏。

西蓝花炒虾仁

鲜虾仁挑去虾线，洗净；西蓝花择洗干净，与虾仁放入一个盘中，罩上保鲜膜，送进冰箱冷藏。

其他准备工作

1.将柠檬洗净，沥干水分，取1/2装入保鲜袋或保鲜盒中，放进冰箱冷藏。
2.烧适量开水装进保温瓶中。

巧妙用时逐步盘点

在等待煮燕麦面的水烧开的时间里，把柠檬洗净切片，倒入开水，放在一旁闷泡。虽然泡柠檬水需要5分钟，其实您洗切柠檬和倒开水的时间只需1分钟而已。然后做西蓝花炒虾仁，这道热菜炒好后煮面的水也烧开了，专心把凉拌燕麦面做完就可以吃早餐了！总用时不到10分钟，是不是很不错呢？

凉拌燕麦面条

🍲 原料

干燕麦面条250克、黄瓜50克、红椒1个。

🍴 调料

香菜、盐、鸡精、香油各适量。

🍶 制作方法

1. 从冰箱中取出黄瓜和香菜，黄瓜去蒂，切丝；香菜切末，红椒切断。
2. 汤锅置火上，倒入适量清水烧沸，下入燕麦面条煮熟，捞出。
3. 将黄瓜丝放在煮好的燕麦面条上，加入盐、鸡精、香菜末、红辣椒、香油调味即可。

小提示

凉拌燕麦面条
● 燕麦面高营养、高热量、低淀粉、低糖，适应糖尿病患者的饮食需求。

柠檬水
● 柠檬水具有美白护肤、清热化痰、生津解暑开胃的功效。

柠檬水

🍲 原料

柠檬1 / 2个。

🍴 调料

水、蜂蜜适量。

🍶 制作方法

从冰箱中取出柠檬，切片，装入杯中，放入适量蜂蜜，冲入适量开水，盖上杯盖闷5分钟即可。

西蓝花炒虾仁

🦐 原料

新鲜虾仁100克、西蓝花300克。

🍴 调料

蒜末、料酒、盐、植物油各适量。

🍳 制作方法

1. 从冰箱中取出西蓝花和虾仁，西蓝花掰小朵；虾仁放入沸水中焯一下，过冷水，捞出，沥水。
2. 炒锅上火，倒油烧热，放入蒜末爆香，加入虾仁翻炒。
3. 虾仁变色后烹入料酒，倒入西蓝花大火爆炒，加盐调味即可。

小提示

西蓝花炒虾仁
● 此菜具有化瘀解毒、益气滋阳、通络止痛、开胃化痰、补肾填精、健脑壮骨、补脾和胃的功效。

燕麦粥+青红椒拌卤鸭胗+黄瓜蘸甜面酱+小番茄

食材清单： 大米50克、燕麦片20克、青红椒各1个、卤鸭胗100克、黄瓜2根、甜面酱适量（袋装即食）、小番茄10个。

	名称	烹调难易程度	头天准备时间	早上烹调时间	烹调方法	滋味点评
主食	燕麦粥	普通级	2分钟	定时做好	煮	滑、糯
菜品	青红椒拌卤鸭胗	普通级	3分钟	4分钟	拌	爽脆、咸鲜
	黄瓜蘸甜面酱	普通级	1分钟	1分钟	即食	爽脆
营养分析	低热量早餐不是吃素，并不拒绝肉食，注意选择低热量的食物是关键，这套早餐中的燕麦、黄瓜、青红椒、小番茄都是低热量食物，卤鸭胗虽是肉食但热量较低。整套早餐食物种类多样，营养均衡，并且干稀搭配，更有利于营养素的吸收。					

食材料理准备

燕麦粥

将煮粥用到的大米和燕麦片处理好后一同倒入带有定时功能的电饭煲中，加入足量清水，设定好将粥煮好的时间，第二天一早打开锅盖就能吃到热乎乎的燕麦粥了！

青红椒拌卤鸭胗

1.青红椒洗净，沥干水分，装入保鲜袋中，放入冰箱冷藏。

2.卤鸭胗切片，装入小碗中，罩上保鲜膜，送进冰箱冷藏。

黄瓜蘸甜面酱

黄瓜洗净，沥干水分，装入保鲜袋中，放进冰箱冷藏。

巧妙用时逐步盘点

做这些食物都不需要动火，做哪一样也都不需要等待，所以一样一样做好就可以了，可以不分先后顺序。把青红椒拌卤鸭胗做好后，把黄瓜和甜面酱端上桌，然后把小番茄清洗干净，最后把做好的粥盛入碗中，全家人就可以享用早餐了！总用时不到9分钟！

燕麦粥

🥣 用料

燕麦片20克、大米50克。

🥄 制作方法

① 燕麦片、大米分别淘洗干净。

② 将燕麦片和大米倒入电饭煲中，加入足量清水，盖严锅盖，将电饭煲的插头接通电源，选择"煮粥"选项后按下"定时"键，煮至电饭煲提示粥煮好即可。

小提示

燕麦粥
● 燕麦具有益肝和胃、消食化积、预防高血压、动脉硬化等功效。

黄瓜蘸甜面酱
● 黄瓜具有抗衰老、降血糖、减肥强体、健脑安神的功效。

黄瓜蘸甜面酱

🥣 原料

黄瓜2根。

🍴 调料

甜面酱15克。

🥄 制作方法

① 取适量甜面酱装入小碟中。

② 从冰箱中取出黄瓜，去蒂后切成条，蘸甜面酱食用即可。

青红椒拌卤鸭胗

原料

青红椒各1个、卤鸭胗100克。

调料

盐、白糖、醋、味精、香油各适量。

制作方法

1. 从冰箱中取出青红椒和卤鸭胗，青红椒去蒂，除籽，切片。
2. 取小碗，加盐、白糖、醋、味精和香油搅拌均匀，制成调味汁。
3. 取盘，放入青红椒和卤鸭胗，淋入调味汁即可。

小提示

青红椒拌卤鸭胗

● 卤鸭胗肉质紧密、紧韧耐嚼、滋味修长、无油腻感，是老少皆喜爱的佳肴珍品。

3人份
套餐一

荞麦红枣饭+香菇油菜+葡萄

食材清单：大米100克、荞麦25克、红枣6个、油菜250克、鲜香菇5朵、葡萄150克。

	名称	烹调难易程度	头天准备时间	早上烹调时间	烹调方法	滋味点评
主食	荞麦红枣饭	普通级	3分钟	定时做好	蒸	软糯、微甜
菜品	香菇油菜	普通级	10分钟	4分钟	炒	爽嫩、咸鲜
营养分析	中年人较理想的早餐是：少量主食、适量蔬菜。这套早餐，完全符合中年人饮食既要含有丰富的蛋白质、维生素、钙、磷等，还要保证低热量、低脂肪的要求，而且食材丰富，干稀搭配，更有利于营养物质的吸收！家里有中年朋友的，可以尝试做一份这样的早餐。					

食材料理准备

荞麦红枣饭

将蒸饭用到的大米、荞麦和红枣处理好后一同倒入带有定时功能的电饭煲中，加入适量清水，设定好将米饭蒸好的时间，第二天一早打开锅盖就能吃到热乎乎的荞麦红枣饭了！

香菇油菜

1.油菜择洗干净，沥干水分，装盘或放进保鲜袋中，放入冰箱冷藏。

2.鲜香菇去蒂，洗净，焯水后切片，装入小碗中，罩上保鲜膜，送进冰箱冷藏。

巧妙用时逐步盘点

在火上把香菇油菜炒好，把蒸好的米饭盛入碗中，再把葡萄清洗干净，马上可以开饭啦!总用时不到9分钟！

荞麦红枣饭

🍚 原料

大米100克、荞麦25克、红枣6个。

🍴 调料

水适量。

🥘 制作方法

1. 大米和荞麦分别淘洗干净，红枣洗净。
2. 大米、荞麦和红枣一同倒入电饭煲中，加入适量清水，盖严锅盖，将电饭煲的插头接通电源，选择"蒸饭"选项后按下"定时"键，蒸至电饭煲提示米饭蒸好即可。

小提示

荞麦红枣饭
● 红枣具有降血压、降胆固醇、保肝护肝的功效。

香菇油菜
● 此菜具有降低血脂、解毒消肿、宽肠通便、强身健体的功效。

🍚 原料

油菜250克、鲜香菇5朵。

🍴 调料

盐、酱油、白糖、水淀粉、味精、植物油各适量。

🥘 制作方法

1. 从冰箱中取出油菜和香菇，香菇切片。
2. 炒锅置火上，倒油烧热，放入油菜，并加适量盐，翻炒片刻，盛出待用。
3. 锅置火上，倒油烧至五成热，放入香菇片均匀翻炒，然后调入盐、酱油、白糖炒至香菇熟。
4. 最后用水淀粉勾芡，味精调味，放入炒熟的油菜翻炒均匀即可。

香菇油菜

绿色素食早餐

南瓜粥+韭黄炒豆腐+橄榄菜（瓶装）+香蕉

食材清单：大米50克、韭黄300克、豆腐100克、橄榄菜50克、香蕉2个。

	名称	烹调难易程度	头天准备时间	早上烹调时间	烹调方法	滋味点评
主食	南瓜粥	普通级	3分钟	定时做好	煮	软糯、微甜
菜品	韭黄炒豆腐	普通级	3分钟	4分钟	炒	脆嫩、咸香
营养分析	肉类食物吃得较多的我们，偶尔吃上一顿素食早餐，有助于我们的身体排毒。这道早餐与非素食早餐的区别就是把含优质蛋白质的肉类用富含植物蛋白质的豆腐代替，同时搭配富含碳水化合物的南瓜粥、富含维生素及矿物质的韭黄和香蕉。虽然是素食，摄入的营养仍全面而均衡。					

食材料理准备

南瓜粥

将煮粥用到的大米和南瓜处理好后一同倒入带有定时功能的电饭煲中，加入足量清水，设定好将粥煮好的时间，第二天一早打开锅盖就能吃到热乎乎的南瓜粥了！

韭黄炒豆腐

1.韭黄择洗干净，沥干水分，放入盘中，罩上保鲜膜，放进冰箱冷藏。

2.豆腐洗净，用淡盐水浸泡，放入冰箱冷藏，这样存放豆腐可保鲜2天左右。

巧妙用时逐步盘点

要充分利用时间：把做好的粥盛入碗中，把橄榄菜装入小碟中，再掰2个香蕉放进果盘中，然后专心把韭黄炒豆腐做好，就可以吃到热乎且营养美味的早餐了！总用时不到8分钟！

南瓜粥

用料

南瓜20克、大米50克。

制作方法

① 南瓜去皮，除瓤和籽，洗净，切丁；大米淘洗干净。

② 将大米和南瓜块倒入电饭煲中，加入足量清水，盖严锅盖，将电饭煲的插头接通电源，选择"煮粥"选项后按下"定时"键，煮至电饭煲提示粥煮好即可。

小提示

南瓜粥
● 南瓜粥具有补中益气、清热解毒、降糖降脂的功效。
韭黄炒豆腐
● 此菜具有补中益气、清热润燥、生津止渴、清洁肠胃的功效。

韭黄炒豆腐

原料

豆腐100克、韭黄300克。

调料

料酒、水淀粉、盐、味精、酱油、植物油各适量。

制作方法

① 从冰箱中取出豆腐和韭黄，豆腐切成片，韭黄切段。

② 锅置火上，放油烧至六七成热，下豆腐片翻炒熟，盛出。

③ 原锅底油烧热，放入韭黄炒至软，倒入豆腐，加料酒、盐、酱油、味精、少许水炒至入味，用水淀粉勾芡即可。

2人份
套餐二

金银饭+番茄豆腐汤+猕猴桃

食材清单：大米75克、小米75克、豆腐150克、番茄1个、鲜香菇3朵、猕猴桃2个、香菜少许。

	名称	烹调难易程度	头天准备时间	早上烹调时间	烹调方法	滋味点评
主食	金银饭	普通级	3分钟	定时做好	蒸	软糯、微甜
	番茄豆腐汤	普通级	10分钟	8分钟	煮	爽滑、咸鲜
营养分析	这是一套适合严格素食者的早餐，其实无论吃什么，合理搭配很重要：金银饭富含碳水化合物，将粗细粮搭配，可起到营养互补的作用；豆腐中的蛋白质是素食者获取蛋白质的较好来源；同时猕猴桃富含的维生素C能帮助素食者更好地吸收芹菜和豆腐中的铁。					

食材料理准备

金银饭

将蒸饭用到的大米和小米处理好后一同倒入带有定时功能的电饭煲中，加入适量清水，设定好将米饭蒸好的时间，第二天一早打开锅盖就能吃到热乎乎的金银饭了！

番茄豆腐汤

1.豆腐洗净，装盘，罩上保鲜膜，送进冰箱冷藏。

2.番茄洗净，沥干水分，室温存放。

巧妙用时逐步盘点

在等待煮番茄豆腐汤的水烧开的时候，我们把豆腐和番茄切好，煮汤的水烧开，下入食材略煮的同时，我们可以腾手把蒸好的米饭盛入碗中，再把2个猕猴桃冲洗干净，接着再等上几分钟，汤煮好就可以吃早饭啦！总用时不到9分钟！

金银饭

🍳 **用料**

大米75克、小米25克。

🍶 **制作方法**

① 大米、小米分别淘洗干净。

② 大米和小米一同倒入电饭煲中，加入适量清水，盖严锅盖，将电饭煲的插头接通电源，选择"蒸饭"选项后按"定时"键，蒸至电饭煲提示米饭蒸好即可。

小提示

金银饭
● 金银饭具有增加肠动力、促进肠道排毒的功效。

番茄豆腐汤
● 此菜具有生津止渴、健胃消食、凉血平肝和清热解毒的功效。

🍳 **原料**

番茄1个、豆腐150克。

🍴 **调料**

植物油、姜片、盐、鸡精、清汤、葱花各适量。

🍶 **制作方法**

① 从冰箱中取出准备好的豆腐，将豆腐切小丁；番茄去蒂，切小块。

② 锅置火上，倒植物油烧至六成热，放入姜片煸香，倒入清汤，大火烧开，放入豆腐、番茄、盐，煮沸3分钟，撒上葱花，加鸡精调味即可。

番茄豆腐汤

3人份
套餐一

香芋饭+小白菜豆腐汤+橘子

食材清单：大米125克、芋头50克、小白菜250克、豆腐100克、橘子3个、香菜少许。

	名称	烹调难易程度	头天准备时间	早上烹调时间	烹调方法	滋味点评
主食	香芋饭	普通级	3分钟	定时做好	蒸	软糯、微甜
	小白菜豆腐汤	普通级	10分钟	8分钟	煮	爽滑、咸鲜
营养分析	素食饱和脂肪含量较低，能降低心脏病和癌症的发病率，一周吃几次素食早餐，对健康有益；豆腐可补充蛋白质、铁、钙，小白菜和橘子富含维生素C，能促进对豆腐中铁的吸收。素食的朋友冬天常吃些海带，可以补充碘，能改善怕冷的症状。					

食材料理准备

香芋饭

将蒸饭用到的大米和芋头处理好后一同倒入带有定时功能的电饭煲中，加入适量的清水，设定好将米饭蒸好的时间，第二天一早打开锅盖就能吃到热乎乎的香芋饭了！

小白菜豆腐汤

1.小白菜择洗干净，沥干水分，装入盘中，罩上保鲜膜，送进冰箱冷藏。

2.豆腐洗净，用淡盐水浸泡，放入冰箱冷藏，这样存放豆腐可保鲜2天左右。

巧妙用时逐步盘点

在等待煮小白菜豆腐汤的水烧开时，把做汤所需要的食材全切好，汤烧开依次下入食材略煮的时候，我们把蒸好的米饭盛入碗中，再把橘子清洗干净就可以了！总用时不到9分钟！

香芋饭

🍚 原料

大米125克、芋头50克。

🍴 调料

花生米、葱各适量。

🥢 制作方法

1. 大米淘洗干净；芋头去皮，洗净，切丁。
2. 大米和芋头丁一同倒入电饭煲中，加入适量清水，盖严锅盖，将电饭煲的插头接通电源，选择"蒸饭"选项后按下"定时"键，蒸至电饭煲提示米饭蒸好，把花生米和葱撒上即可。

小提示

香芋饭
● 香芋饭具有散积理气、解毒补脾、清热镇咳的功效。

小白菜豆腐汤
● 小白菜豆腐汤具有预防更年期疾病，提高记忆力和精神集中力的功效。

小白菜豆腐汤

🍚 原料

小白菜250克、豆腐100克。

🍴 调料

葱、盐、味精、香油各适量。

🥢 制作方法

1. 从冰箱中取出小白菜和豆腐，豆腐切块；葱择洗干净，切成葱花。
2. 汤锅置火上，倒入适量热水烧沸，放入豆腐煮开后再煮2分钟，下入小白菜和葱花煮1分钟，加盐和味精调味，淋上香油即可。

**3人份
套餐二**

麻酱花卷+椒油圆白菜+香椿拌豆腐+苹果

食材清单： 麻酱花卷3个、圆白菜350克、鲜香椿50克、豆腐150克、苹果3个。

	名称	烹调难易程度	头天准备时间	早上烹调时间	烹调方法	滋味点评
主食	麻酱花卷	普通级	1分钟	9分钟	蒸	暄软、微甜
菜品	椒油圆白菜	普通级	2分钟	3分钟	炒	爽脆、酸甜
	香椿拌豆腐	入门级	4分钟	4分钟	拌	嫩滑、咸香
营养分析	素食的好处很多，但不科学吃素对身体反而不利，这套早餐可以给完全素食的朋友一个参考：麻酱花卷是发酵食品，能帮素食者补充需从肉类食材中摄取的维生素B_{12}。麻酱是由坚果芝麻做成的，是素食者获取硒的来源，同时还能补充蛋白质；豆腐中含有素食者需要的蛋白质、钙、铁等；圆白菜、香椿和苹果富含素食者需要的B族维生素和矿物质。					

食材料理准备

麻酱花卷

把外面买回来的速冻花卷或自己蒸好的麻酱花卷装入保鲜袋中，夏天应放进冰箱冷藏，春、秋、冬三季常温存放就可以。

椒油圆白菜

圆白菜、葱择洗干净，沥干水分，装入保鲜袋中，放入冰箱冷藏。

香椿拌豆腐

1.香椿择洗干净，放入盘中，送进冰箱冷藏。

2.豆腐洗净，用淡盐水浸泡，放入冰箱冷藏，这样存放豆腐可保鲜2天左右。

巧妙用时逐步盘点

在热麻酱花卷的时候，我们要充分利用时间，在另一个火上把焯烫香椿和豆腐的水烧上，在等水烧开的时候，我们把豆腐和圆白菜切好，水开后焯完香椿和豆腐，把这道凉菜拌制好，然后把热菜椒油圆白菜炒好，最后将苹果清洗干净，这时麻酱花卷也热透了，可以叫上孩子和孩子他爸（或他妈）吃早餐喽！总用时不到10分钟！

麻酱花卷

用料

麻酱花卷（速冻）3个。

制作方法

① 取一个盘子或碗，放入麻酱花卷。

② 蒸锅放火上，倒入适量清水，放上蒸屉，放入花卷，锅中的水烧开后转中火热5分钟即可。

小提示

麻酱花卷
● 花卷是以面粉经发酵制成，主要营养素是碳水化合物，是人们补充能量的食物。

椒油圆白菜
● 此菜具有防衰老、抗氧化、提高人体免疫力、预防感冒的功效。

原料

圆白菜350克。

调料

花椒粒、葱、盐、味精、白糖、醋、植物油、干辣椒各适量。

制作方法

① 从冰箱中取出圆白菜和葱，圆白菜切片，葱切成葱花。

② 取盘，放入圆白菜片，加盐、味精、白糖和醋调味。

③ 炒锅置火上烧热，倒入植物油，炸香花椒粒、葱花和干辣椒，离火，通过漏勺淋在盘中的圆白菜片上，拌匀即可。

椒油圆白菜

香椿拌豆腐

🦞 原料

香椿50克、豆腐150克。

🍴 调料

盐、味精、香油各适量。

🥄 制作方法

1. 从冰箱中取出香椿和豆腐，豆腐切块。
2. 汤锅置火上，倒入适量热水烧沸，分别放入香椿和豆腐焯水，用笊篱捞出，沥干水分。
3. 取盘，放入豆腐、香椿，加盐、味精，淋上香油拌匀即可。

小提示

香椿拌豆腐
● 香椿拌豆腐中钙的含量很高，是膳食补钙的有效途径。具有润肤明目、益气和中、生津润燥的功效。

抗衰老早餐

3人份
套餐

枣香发糕+西蓝花炒牛肉+香菇豆腐+橙子

食材清单：大米50克、西蓝花200克、瘦牛肉片150克、胡萝卜半根、豆腐150克、水发香菇40克、橙子3个。

	名称	烹调难易程度	头天准备时间	早上烹调时间	烹调方法	滋味点评
主食	枣香发糕	普通级	1分钟	9分钟	蒸	暄软、微甜
菜品	西蓝花炒牛肉	普通级	3分钟	4分钟	炒	脆嫩、咸香
	香菇豆腐	普通级	6分钟	4分钟	烧	滑嫩、咸鲜
营养分析	我们并不奢求长命百岁，但都希望自己看起来更年轻。想要年轻，抗衰老是不能省略的功课，如能常吃些这样的抗衰老早餐，保准让您看起来比同龄人更年轻，西蓝花富含抗氧化物维生素C及胡萝卜素，是较好的抗衰老食物；橙子具有抗氧化性，可减少我们体内自由基的生成，从而起到抗衰老的功效！					

食材料理准备

枣香发糕

将从外面买回来或自己提前做好的枣香发糕送进冰箱冷藏。

西蓝花炒牛肉

西蓝花、胡萝卜择洗干净，装入盘中；牛肉片洗净，放入小碗中，加酱油腌渍，上述食材一同送进冰箱冷藏。

香菇豆腐

豆腐洗净，装进保鲜袋中，放入冰箱冷藏；干香菇用清水浸泡。

巧妙用时逐步盘点

用刚煮好粥的锅中的热度把枣香发糕热着的同时，我们把西蓝花炒牛肉和香菇豆腐依次烹调好，这两道菜炒好后，把橙子清洗干净，这时枣香发糕也热好了，总用时不到11分钟！

枣香发糕

原料

玉米面350克、面粉150克、葡萄干5克、去核小枣10克、鸡蛋4个。

调料

蜂蜜、白糖各适量，泡打粉5克。

制作方法

1. 玉米面、面粉放入碗中，加蜂蜜、泡打粉、清水搅拌成面糊；小枣洗净待用；鸡蛋打入碗中，加白糖搅拌均匀，倒入面糊中，加一半枣拌匀，饧发20分钟。
2. 蒸锅加水，水开后将面糊倒在屉布上，放上剩下的枣，葡萄干，大火蒸15分钟即可。

小提示

枣香发糕
● 枣香发糕具有补脾和胃、益气生津、养颜防衰的功效。

西蓝花炒牛肉
● 此菜具有增长肌肉、增加免疫力、促进康复的功效。

原料

西蓝花200克、牛肉片150克、胡萝卜半根。

调料

酱油、盐、葱末、植物油、味精各适量。

西蓝花炒牛肉

制作方法

1. 从冰箱中取出西蓝花、胡萝卜和腌好的牛肉片，西蓝花掰小朵，胡萝卜切片。
2. 炒锅置火上，倒油烧热，放入牛肉片、葱末和胡萝卜煸至牛肉熟透，下入西蓝花翻炒至断生，加盐、味精调味即可。

香菇豆腐

🍲 原料

豆腐150克、水发香菇40克。

🍴 调料

植物油、姜末、蚝油、白糖、盐、味精各适量。

🔪 制作方法

1. 把从冰箱里取出的豆腐切片，煎至表面金黄；香菇切片，泡干香菇的水留用。
2. 炒锅置火上，倒油烧热，放入姜末、蚝油炒香，下入香菇、豆腐、白糖、盐、味精，倒入适量的泡香菇水，中火烧到汤汁变稠，熄火盛出即可。

小提示

香菇豆腐
● 香菇是一种含有维生素D的一种食物，可以促进人体对钙质的吸收，而豆腐是一种豆制品，含钙量很丰富，把香菇豆腐合在一起吃，是有很好的补钙作用的。

补气益血早餐

3人份套餐

花生红枣粥+海带豆腐丝+菠菜炒猪肝+桂圆

食材清单：糯米75克、花生仁20克、红枣6粒、菠菜350克、鲜猪肝100克、豆腐丝150克、水发海带100克、鲜桂圆9个。

	名称	烹调难易程度	头天准备时间	早上烹调时间	烹调方法	滋味点评
主食	花生红枣粥	普通级	3分钟	定时做好	煮	爽滑、香甜
菜品	海带豆腐丝	入门级	3分钟	4分钟	拌	脆嫩、咸鲜
	菠菜炒猪肝	普通级	3分钟	4分钟	炒	脆嫩、咸香
营养分析	面色萎黄苍白、头晕乏力是气虚血虚的表现，药补不如食补，注意早餐的营养搭配，就能补气益血：花生、红枣、桂圆都是补气血的最佳食材，菠菜和猪肝同时食用有预防和调养缺铁性贫血的功效。					

食材料理准备

花生红枣粥

将煮粥用到的糯米、花生和红枣处理好后一同倒入带有定时功能的电饭煲中，加入足量清水，设定好将粥煮好的时间，第二天一早打开锅盖就能吃到热乎乎的花生红枣粥了！

海带拌豆腐丝

豆腐丝、水发海带丝分别洗净，沥干水分，切成易入口的短段，装入盘中，放入冰箱冷藏。

菠菜炒猪肝

1.菠菜、大葱择洗干净，沥干，装入保鲜袋中，放进冰箱冷藏。

2.鲜猪肝去净筋膜，洗净，切薄片，送入冰箱冷藏。

巧妙用时逐步盘点

我们在火上把焯烫菠菜、海带丝和豆腐丝的水烧上，水开后把这些食材焯好，再分别把菠菜炒猪肝和海带拌豆腐丝做好，最后把煮好的粥盛入碗中，马上开饭喽！总用时不到10分钟！

花生红枣粥

🦐 原料

花生仁20克、红枣6粒、糯米75克。

🍴 调料

蜂蜜适量。

🍲 制作方法

① 糯米淘洗干净，花生仁和红枣洗净。

② 将糯米、花生仁和红枣倒入电饭煲中，加入足量清水，盖严锅盖，将电饭煲的插头接通电源，选择"煮粥"选项后按下"定时"键，煮至电饭煲提示粥煮好即可。

小提示

花生红枣粥
● 花生红枣粥具有补中气、健脾胃、润肺燥的功效。

海带拌豆腐丝
● 此菜具有利尿消肿、治疗甲状腺低下的功效。

🦐 原料

水发海带100克、豆腐丝150克。

🍴 调料

盐、鸡精、蒜末、香油各适量。

🍲 制作方法

① 从冰箱中取出海带丝和豆腐丝，分别放入沸水中焯透，捞出，晾凉，沥干水分。

② 取盘，放入海带丝和豆腐丝，用盐、鸡精、蒜末和香油拌匀即可。

海带拌豆腐丝

菠菜炒猪肝

🐷 原料

猪肝100克、菠菜350克。

🍴 调料

大葱、姜末、酱油、味精、料酒、白糖、淀粉、植物油各适量。

🍳 制作方法

1. 从冰箱中取出猪肝、菠菜和大葱，菠菜焯烫后切段；大葱切末。
2. 炒锅置火上，倒油烧热，下入猪肝滑熟，盛出；锅中留底油，炒香葱末和姜末，下入猪肝，加入剩下的调料和菠菜，翻炒均匀后用水淀粉勾芡即可。

小提示

菠菜炒猪肝
- 猪肝含有蛋白质、脂肪、碳水化合物、维生素A、维生素D和磷等成分；菠菜富含蛋白质、钙、铁、钾和钠等矿物质。二者同食可补充多种营养素。

养心安神早餐

红枣花卷+芹菜拌核桃仁+凉拌藕片+牛奶+桂圆

食材清单：红枣花卷3个、莲藕250克、芹菜150克、核桃仁50克、牛奶3袋（每袋约200毫升）、桂圆9个。

	名称	烹调难易程度	头天准备时间	早上烹调时间	烹调方法	滋味点评
主食	红枣花卷	普通级	1分钟	9分钟	蒸	暄软、微甜
菜品	芹菜拌核桃仁	入门级	5分钟	4分钟	拌	爽脆、咸香
	凉拌藕片	入门级	3分钟	4分钟	拌	爽脆、酸甜
营养分析	失眠多梦、烦躁不安的时候，可以适量吃些能养心安神的食物，可起到一定的调养作用，这套早餐就有不错的养心安神功效：红枣不但能养心安神，还能补虚益气；更年期女性出现情绪暴躁、焦虑不安等症状时可吃些藕；桂圆能安神护脾、养心补虚。					

食材料理准备

红枣花卷

将从外面买回来的或自己提前蒸好的红枣花卷装入保鲜袋中，放进冰箱冷藏。

芹菜拌核桃仁

1.芹菜择洗干净，沥干水分，装进保鲜袋中，送进冰箱冷藏。

2.核桃仁挑去杂质，洗净，沥干水分，用少许植物油炒熟，盛出，晾凉，放在碗柜中存放即可。

凉拌藕片

藕、生姜清洗干净，沥干水分，放入盘中，送进冰箱冷藏。

巧妙用时逐步盘点

把红枣花卷放进蒸锅热着的同时，我们在另一个火上把焯烫藕和芹菜的水烧上，接着把藕去皮后切片，水烧开后把藕片和芹菜焯烫好，再把芹菜切好，然后逐一把凉拌藕片和芹菜拌核桃仁拌制好，最后把牛奶放进微波炉里加热，牛奶热好后红枣花卷也热好了，取出装盘就可以开饭啦！总用时不到10分钟！

红枣花卷

🍚 原料

面粉500克、酵母6克、红枣50克。

🍴 调料

水适量。

🥄 制作方法

1. 酵母用温水溶化；面粉倒入盆中，淋入酵母水和清水，和成表面光滑的面团，充分饧发；红枣洗净，去核，切碎。

2. 将面团擀成面片，均匀地撒上红枣碎，卷成卷，用刀切成若干个小面卷，逐一取小面卷捏扁并拉长，左手不动，右手旋转两圈拧成麻花状，把两端接口重叠捏紧，制成花卷生坯，送入蒸锅蒸10～15分钟即可。

小提示

红枣花卷
● 红枣花卷具有降血压、降胆固醇的功效。

芹菜拌核桃仁
● 此菜具有补大脑、美容的功效。

芹菜拌核桃仁

🍚 原料

芹菜150克、核桃仁50克。

🍴 调料

盐、味精、香油各适量。

🥄 制作方法

1. 从冰箱里取出芹菜，开水焯烫后捞出，沥干水分，切段。

2. 取盘，放入焯好的芹菜段和提前炒熟的核桃仁，加盐、味精和香油拌匀即可。

凉拌藕片

 原料

莲藕250克。

调料

盐、白糖、醋、葱花、生姜、香油各适量。

制作方法

1. 从冰箱中取出莲藕和生姜，莲藕去皮，切成薄片，入沸水锅中焯水断生，捞出过凉，装入盘中；生姜去皮，切末。
2. 将盐、白糖、醋、凉开水、葱花、姜末混合调匀，浇在藕片上，再淋上香油就可以了！

小提示

凉拌藕片
● 熟藕性温、味甘；具有健脾开胃、养血补益、清热凉血、通便止泻、止血散瘀的功效。

消除疲劳早餐

3人份套餐）白果焖饭+杂样蔬菜汤+蘑菇木耳炒蛋+巧克力+香蕉

食材清单：大米125克、白果15克、土豆1个、番茄1个、洋葱1个、红萝卜100克、四季豆50克、豌豆50克、水发黑木耳15克、鸡蛋2个、巧克力40克、香蕉3个。

	名称	烹调难易程度	头天准备时间	早上烹调时间	烹调方法	滋味点评
主食	白果焖饭	普通级	3分钟	定时做好	蒸	软糯、微甜
菜品	蘑菇木耳炒蛋	普通级	5分钟	4分钟	炒	滑爽、咸鲜
	杂样蔬菜汤	普通级	8分钟	8分钟	煮	脆嫩、鲜香
营养分析	现代人生活压力大，很容易疲劳，有了疲劳感应及时消除，才不会日积月累积劳成疾。注意早餐的营养搭配，有助于消除疲劳，补充体力：这套早餐中的杂样蔬菜汤用到了多种碱性蔬菜，易于赶走在身体内造成疲劳的酸性物质；常吃些白果也可以抗疲劳；巧克力可是抗疲劳的高手，夜里没睡好早上没精神时可以吃一些。					

食材料理准备

白果焖饭

将蒸饭用到的大米和白果处理好后一同倒入带有定时功能的电饭煲中，加入适量清水，设定好将米饭蒸好的时间，第二天一早打开锅盖就能吃到热乎乎的白果焖饭了！

杂样蔬菜汤

1.番茄、四季豆择洗干净；洋葱撕去老膜，去蒂，与番茄一同装进保鲜袋中，放进冰箱内冷藏。

2.红萝卜、土豆、豌豆洗净，一起放在一个小碗中，送进冰箱冷藏。

蘑菇木耳炒蛋

水发木耳择洗干净，撕成小朵，西红柿洗净，装进保鲜袋中，送进冰箱冷藏。

巧妙用时逐步盘点

因为做杂样蔬菜汤不能省略将锅中的汤水烧开并熬煮食材的步骤，相比其他菜肴的制作较为耗时，所以我们在一个火上煮着杂样蔬菜汤，同时在另一个火上把蘑菇木耳炒蛋烹调好，然后掰3个香蕉放进果盘中，再把米饭盛入碗中，接下来再等上约2分钟，杂样蔬菜汤也做好了，可以开饭啦，真是热乎又美味！总用时还不到9分钟呢！

白果焖饭

用料

大米125克、白果15克。

制作方法

1 大米淘洗干净；白果剥去壳，洗净。

2 把大米和白果一同倒入电饭煲中，加入适量清水，盖严锅盖，将电饭煲的插头接通电源，选择"蒸饭"选项后按下"定时"键，蒸至电饭煲提示米饭蒸好即可。

小提示

白果焖饭
● 白果具有抗衰老、保护肝脏、防治心血管疾病的功效。

蘑菇木耳炒蛋
● 此菜具有养血驻颜、清胃涤肠、增强机体免疫力的功效。

蘑菇木耳炒蛋

原料

蘑菇150克、水发木耳15克、鸡蛋2个，西红柿1个。

调料

葱末、盐、味精、植物油各适量。

制作方法

1 把从冰箱中取出的木耳撕成小朵；蘑菇撕成小朵；鸡蛋打散，加盐调匀，待用，西红柿洗净，待用。

2 炒锅置火上，倒油烧热，放入葱末煸香，加入蘑菇、木耳、西红柿及味精、盐炒匀，最后加入鸡蛋液炒熟即可。

杂样蔬菜汤

🍲 原料

土豆、番茄、洋葱各1个，红萝卜
100克，豌豆、四季豆各50克。

🍴 调料

蒜末、植物油、盐各适量。

🥄 制作方法

1. 把所有煮汤的食材从冰箱中拿出来，都切成丁。
2. 锅置火上，倒入植物油烧热，爆香洋葱丁，然后放入蒜末翻炒。
3. 加入其他蔬菜丁，翻炒2分钟，加入水，煮约8分钟，加盐调味即可。

小提示

杂样蔬菜汤
● 蔬菜汤可补充人体细胞所需的天然、全面、均衡的营养素，具有促进正常体细胞繁殖、
提高人体免疫力的功效。

健脑益智早餐

3人份套餐

黄豆饭+牡蛎煎蛋+油菜金针菇+核桃仁+牛奶+苹果

食材清单：大米125克、水发黄豆30克、鸡蛋3个、鲜牡蛎肉50克、油菜300克、金针菇100克、熟核桃仁150克、牛奶3袋（每袋约200毫升）、苹果3个。

	名称	烹调难易程度	头天准备时间	早上烹调时间	烹调方法	滋味点评
主食	黄豆饭	普通级	3分钟	定时做好	蒸	软糯、微甜
菜品	牡蛎煎蛋	普通级	5分钟	3分钟	煎	外酥里嫩、咸鲜
	油菜金针菇	普通级	8分钟	8分钟	煮	脆嫩、鲜香
营养分析	这是一套健脑益智功效非常不错的早餐，家里有脑力劳动者、学生、儿童的，可尝试做做：核桃仁是名气很大的健脑益智食物；牡蛎含有牛磺酸、DHA，有"益智海鲜"的美称；金针菇被誉为"益智菇"；牛奶和黄豆富含能使脑细胞生长的蛋白质。					

食材料理准备

黄豆饭

将蒸饭用到的大米和水发黄豆处理好后一同倒入带有定时功能的电饭煲中，加入适量清水，设定好将米饭蒸好的时间，第二天一早打开锅盖就能吃到热乎乎的黄豆饭了！

牡蛎煎蛋

1.鲜牡蛎肉逐个放在水龙头下冲洗掉泥沙，装入小碗中，罩上保鲜膜，放入冰箱冷藏。

2.把烹调菜肴需要用的大葱择洗干净。

油菜金针菇

油菜择洗干净，沥干水分；金针菇去根，洗净，沥干水分，与油菜一同装在一个盘子里，放入冰箱冷藏。

巧妙用时逐步盘点

在等待焯烫金针菇的水烧开的同时，我们在另一个火上烹调牡蛎煎蛋，在等待蛋液凝固时，把牛奶送进微波炉里加热，再把苹果清洗干净，水开后把金针菇焯好，牡蛎煎蛋也做好了，专心把油菜金针菇烹调完，最后把蒸好的米饭盛入碗中！总用时不到8分钟！

黄豆饭

🎀 用料

大米125克、水发黄豆30克。

🥄 制作方法

1. 大米淘洗干净，水发黄豆洗净。
2. 大米和水发黄豆一同倒入电饭煲中，加入适量清水，盖严锅盖，将电饭煲的插头接通电源，选择"蒸饭"选项后按下"定时"键，蒸至电饭煲提示米饭蒸好即可。

小提示

黄豆饭
● 黄豆饭具有防止血管硬化、让头脑聪明、美白护肤的功效。

牡蛎煎蛋
● 此菜具有强肝解毒、滋容养颜、净化淤血的食疗作用。

🎀 原料

去壳牡蛎50克、鸡蛋3个。

🍴 调料

大葱、花椒粉、盐、植物油各适量。

牡蛎煎蛋

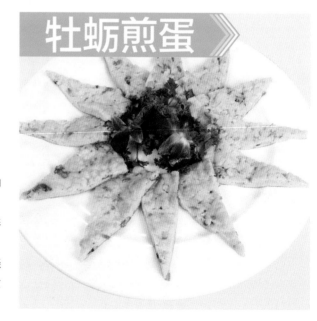

🥄 制作方法

1. 从冰箱中取出洗净的牡蛎肉；大葱切葱花；鸡蛋洗净，磕入碗内，打散，放入牡蛎、葱花、花椒粉、盐，搅拌均匀。
2. 锅置火上，倒入适量植物油，待油烧至六成热，淋入蛋液煎至两面呈金黄色，切片装盘即可。

油菜金针菇

🍲 原料

油菜300克、金针菇100克。

🍴 调料

植物油、盐各适量。

🥄 制作方法

1. 从冰箱中取出油菜和金针菇，油菜对半切开；金针菇放入沸水中汆烫，捞出过凉，沥干备用。
2. 炒锅中倒油烧热，放入油菜炒软，下入金针菇，加盐炒至入味，盛盘即可。

小提示

油菜金针菇
● 此菜具有降低血脂、帮助肝脏排毒、宽肠通便、强骨抗压、散血消肿、促进智力发育、促进新陈代谢的功效。

健脾益胃早餐

红豆山药粥+扁豆鸡丁+蚕豆炒韭菜+大枣

食材清单：大米75克、红豆15克、山药50克、扁豆150克、鸡胸肉100克、彩椒20克、嫩蚕豆50克、韭菜200克、红枣9个。

	名称	烹调难易程度	头天准备时间	早上烹调时间	烹调方法	滋味点评
主食	红豆山药粥	普通级	5分钟	定时做好	煮	软糯、微甜
菜品	扁豆鸡丁	普通级	3分钟	6分钟	炒	脆嫩、鲜鲜
	蚕豆炒韭菜	普通级	5分钟	6分钟	炒	脆嫩、鲜香
营养分析	食欲不振、消瘦的人，多半是脾胃不好。脾胃不好除了要保持良好的情绪，软食也不能马虎，这道早餐中的红豆、山药、扁豆、蚕豆、红枣都有不错的健脾胃功效，并且这套早餐没有搭配凉菜，避免吃凉的食物对健脾胃有益。					

食材料理准备

红豆山药粥

将煮粥用到的大米、山药和红豆处理好后一同倒入带有定时功能的电饭煲中，加入足量清水，设定好将粥煮好的时间，第二天一早打开锅盖就能吃到热乎乎的红豆山药粥了！（锅中的水分会在一夜的时间里将红豆泡软，不用把红豆单独拿出来浸泡再煮粥。）

扁豆鸡丁

扁豆、彩椒择洗干净，沥干，装入保鲜袋中；鸡胸肉洗净，切丁，装入小碗中，罩上保鲜膜，与扁豆一同送进冰箱内冷藏。

蚕豆炒韭菜

韭菜和嫩蚕豆分别择洗干净，沥干水分，放入同一个盘中，送进冰箱冷藏。

巧妙用时逐步盘点

把烹调中要用的食材都切好，在一个火上烹调扁豆鸡丁，在另一个火上烹调蚕豆炒韭菜，这两道菜都做好后，把红枣清洗干净，再等上三两分钟，取出装盘后把粥盛碗中就OK了，总用时不到10分钟。

红豆山药粥

🍲 用料

大米75克、红豆15克、山药15克。

🎨 制作方法

① 红豆和大米分别淘洗干净；山药去皮，洗净，切块。

② 将大米、红豆和山药倒入电饭煲中，加入足量清水，盖严锅盖，将电饭煲的插头接通电源，选择"煮粥"选项后按下"定时"键，煮至电饭煲提示粥煮好即可。

小提示

红豆山药粥
● 红豆山药粥具有健脾益胃助消化、降低血糖、延年益寿的功效。

扁豆鸡丁
● 此菜具有抗病毒、降血糖、健脾的功效。

🍲 原料

扁豆150克、鸡胸肉100克，彩椒50克。

🍴 调料

葱花、姜末、料酒、胡椒粉、水淀粉、盐、鸡精、植物油各适量。

🎨 制作方法

① 从冰箱中取出彩椒、扁豆和鸡肉，将彩椒切片，扁豆切丁；鸡肉加料酒、胡椒粉、水淀粉抓匀。

② 炒锅置火上，倒油烧至七成热，炒香葱花、姜末、彩椒片，放入鸡肉煸至颜色发白，放入扁豆翻炒均匀，加适量清水烧至鸡丁和扁豆熟透，用盐和鸡精调味即可。

扁豆鸡丁

蚕豆炒韭菜

🥘 原料

蚕豆200克、韭菜50克。

🍴 调料

葱末、姜丝、蒜末、料酒、白糖、盐、植物油各适量。

🔪 制作方法

① 从冰箱里取出韭菜和蚕豆,将韭菜切段。

② 炒锅置火上,倒油烧热,放入葱末、姜丝、蒜末煸香,然后放入蚕豆和适量清水,炒至蚕豆熟软。

③ 最后加入韭菜段、料酒、白糖、盐炒匀即可。

> **小提示**
>
> 蚕豆炒韭菜
> ● 蚕豆中的钙,有利于骨骼对钙的吸收与钙化,能促进人体骨骼的生长发育。蚕豆中的蛋白质含量丰富,且不含胆固醇,可以预防心血管疾病。

排毒瘦身早餐

海带焖饭+黄豆芽炒芹菜+橘子

3人份套餐

食材清单：大米125克、水发海带25克、黄豆芽100克、芹菜150克、橘子3个。

	名称	烹调难易程度	头天准备时间	早上烹调时间	烹调方法	滋味点评
主食	海带焖饭	普通级	5分钟	定时做好	煮	软糯、咸香
菜品	黄豆芽炒芹菜	普通级	3分钟	6分钟	炒	脆嫩、咸香
营养分析	想减肥的朋友更要吃好早餐，不然饥饿的时间长，会在午餐或晚餐吃下更多的食物，这套早餐的减肥瘦身效果就不错：芹菜、豆芽膳食纤维含量多，都是吃了不长肉的蔬菜；橘子富含膳食纤维和维生素C，对于排出多余脂肪有帮助。					

食材料理准备

海带焖饭

将蒸饭用到的大米和水发海带处理好后一同倒入带有定时功能的电饭煲中，加入适量清水，设定好将米饭蒸好的时间，第二天一早打开锅盖就能吃到热乎乎的海带焖饭了！

黄豆芽炒芹菜

1.把黄豆芽去根须，洗净，沥干水分，装入保鲜袋中，送进冰箱冷藏。

2.芹菜择洗干净，沥干水分，装入保鲜袋中，放进冰箱冷藏。

巧妙用时逐步盘点

在等焯烫黄豆芽和芹菜的水烧开的同时，我们可以把橘子冲洗干净，做好后，焯烫完黄豆芽和芹菜，完成黄豆芽拌芹菜，最后把蒸好的米饭盛入碗中就大功告成了！总用时不到8分钟！

海带焖饭

用料

大米125克、水发海带25克。

制作方法

1. 大米淘洗干净；水发海带洗净，切小片。
2. 大米和水发海带片一同倒入电饭煲中，加入适量清水，盖严锅盖，将电饭煲的插头接通电源，选择"蒸饭"选项后按下"定时"键，蒸至电饭煲提示米饭蒸好即可。

小提示

海带焖饭
● 海带焖饭具有治疗甲状腺低下、利尿消肿的功效。

黄豆芽炒芹菜
● 此菜具有平肝降压、镇静安神的功效。

原料

黄豆芽200克、芹菜70克。

调料

红椒段、葱花、盐、鸡精、植物油各适量。

制作方法

1. 从冰箱中取出黄豆芽和芹菜，将芹菜切段，入沸水中焯透，捞出。
2. 炒锅置火上，倒入适量植物油，待油烧至七成热，加葱花、红椒段炒出香味，放入黄豆芽炒熟。
3. 倒入芹菜段翻炒均匀，用盐和鸡精调味即可。

黄豆芽炒芹菜

润肠排毒早餐

杂粮发糕+黑木耳炒西芹+豆腐鸭血汤+苹果

食材清单：杂粮发糕3个、水发黑木耳25克、西芹250克、豆腐150克、鸭血豆腐50克、香葱20克、苹果3个。

	名称	烹调难易程度	头天准备时间	早上烹调时间	烹调方法	滋味点评
主食	杂粮发糕	普通级	1分钟	1分钟	蒸	暄软、微甜
菜品	黑木耳炒西芹	普通级	4分钟	3分钟	炒	脆爽、咸香
	豆腐鸭血汤	普通级	6分钟	7分钟	煮	滑嫩、咸香
营养分析	容易便秘、脸上爱起痘痘的朋友，适合经常做一份这样的润肠排毒早餐，可缓解便秘、一点点赶走痘痘；鸭血可以清除肠道内的沉渣浊垢，具有净化作用；黑木耳对等异物有溶解作用；常吃些芹菜可以帮助肠道清除毒素。					

食材料理准备

杂粮发糕

自己提前做好的杂粮发糕装进保鲜袋中，送进冰箱冷藏。

黑木耳炒西芹

水发木耳择洗干净，撕成小朵，放入盘中；西芹择洗干净，沥干水分，装入保鲜袋中，与木耳一同送进冰箱内冷藏。

豆腐鸭血汤

香葱择洗干净，沥干，装进保鲜袋；豆腐和鸭血豆腐洗净，放在一个盘子里，罩上保鲜膜，与油菜一同送进冰箱冷藏。

巧妙用时逐步盘点

在一个火上把用来煮豆腐鸭血汤的水烧开时，我们先把杂粮发糕放进微波炉里热着，然后在另一个火上做黑木耳炒西芹，这道菜做好后，在烧开的汤水中下入豆腐和鸭血煮着，这时我们把苹果清洗干净，这些都忙活完了，在汤中下入葱段，再等上1分钟，鸭血豆腐汤也做好了，可以开饭了！总用时不到8分钟！

🍲 原料

玉米面、小米面、黄豆面、荞麦面各80克，干酵母5克，小苏打2克。

🍴 调料

白糖适量。

🍳 制作方法

杂粮发糕

1. 温水化开干酵母，将材料中的4种面粉和白糖混在一起，加酵母水揉成一个大面团，盖好湿布饧1小时，至面团发至两倍大小。
2. 用少许面粉和小苏打混在一起，揉进发面团里，再饧30～40分钟。
3. 将面团放入蒸锅内大火蒸30分钟即可。

小提示

杂粮发糕
● 杂粮发糕具有提高免疫力、补血益气、均衡营养的功效。
黑木耳炒西芹
● 此菜具有益气、润肺、补脑、轻身、凉血、止血的功效。

黑木耳炒西芹

🍲 原料

西芹250克、水发黑木耳25克。

🍴 调料

葱花、盐、鸡精、植物油各适量。

🍳 制作方法

1. 从冰箱中取出西芹和黑木耳，将西芹切段，入沸水中焯透，捞出；将水发黑木耳撕成小朵。
2. 炒锅置火上，倒入植物油，待油烧至七成热，加葱花炒出香味。
3. 放入西芹和木耳翻炒至熟，用盐和鸡精调味即可。

豆腐鸭血汤

🥘 原料

豆腐150克、鸭血豆腐50克、香葱20克。

🍴 调料

盐、香油各适量。

🍲 制作方法

① 从冰箱中取出豆腐、鸭血豆腐和香葱，将豆腐和鸭血豆腐切块；将香葱切段。

② 锅置火上，放入豆腐、鸭血和适量清水煮熟，加盐、葱段调味，再淋入香油即可。

小提示

豆腐鸭血汤

● 鸭血中含有丰富的蛋白质及多种人体不能合成的氨基酸，还含有微量元素铁等矿物质和多种维生素，这些都是人体造血过程中不可缺少的物质。

美肤养颜早餐

豆渣馒头+番茄炒虾仁+双耳炝苦瓜+猕猴桃

食材清单： 豆渣馒头3个、番茄2个、鲜虾仁100克、鸡蛋2个、水发银耳15克、水发黑木耳15克、苦瓜150克、猕猴桃3个。

	名称	烹调难易程度	头天准备时间	早上烹调时间	烹调方法	滋味点评
主食	豆渣馒头	普通级	1小时	10分钟	蒸	暄软、微甜
菜品	番茄炒虾仁	普通级	5分钟	4分钟	炒	嫩滑、微酸
	双耳炝苦瓜	普通级	5分钟	5分钟	炝	脆嫩、咸鲜
营养分析	要想拥有美肤靓颜，需要从内而外地调养，吃好早餐是必需的：这份早餐能嫩肤美白；银耳富含胶原蛋白，能润肤、淡斑；番茄和猕猴桃富含维生素C，具有美白肌肤的功效，同时番茄还能防晒和抵抗皱纹。					

食材料理准备

豆渣馒头

提前把豆渣馒头做好，放进冰箱冷藏。

番茄炒虾仁

番茄、鸡蛋洗净，室温存放；虾仁洗净，装进保鲜袋，冰箱冷藏。

双耳炝苦瓜

苦瓜洗净，沥干，放入盘中；水发银耳和水发木耳分别择洗干净，撕成小朵，放在盛放苦瓜的盘中，送进冰箱冷藏。

巧妙用时逐步盘点

用刚煮好粥的电饭煲中的热度把豆渣馒头热着的同时，在一个炉灶上烧焯烫银耳和木耳的水，再把烹调菜肴需要的食材都切好，在另一个炉灶上烹调番茄炒鸡蛋虾仁，银耳、木耳和苦瓜焯好后，番茄炒虾仁也做好了，专心把双耳炝苦瓜炝拌好，把猕猴桃清洗干净，这时豆渣馒头也热透了，就可以吃饭了！总用时不到12分钟！

豆渣馒头

🍳 原料

豆渣150克、面粉300克、干酵母4克。

🍴 调料

白砂糖1大勺。

🥄 制作方法

1. 将干酵母溶在35℃左右的水里。
2. 豆渣和面粉混合拌匀，加入溶好的酵母水，揉成柔软光滑的面团，盖上湿布，放在温暖处饧面，视天气情况约1~2小时。
3. 面发好后再揉一揉，可以做成圆馒头，也可以直接用刀切，做好馒头后冷水上屉，先放置15分钟进行二次发酵，然后大火烧开，转中火蒸20分钟即可。

小提示

豆渣馒头
● 具有降低血液中胆固醇含量的功效。

番茄炒虾仁
● 此菜具有化淤解毒、益气滋阳、通络止痛、开胃化痰的功效。

番茄炒虾仁

🍳 原料

番茄2个、虾仁100克、鸡蛋2个。

🍴 调料

葱花、蛋清、水淀粉、盐、鸡精、植物油各适量。

🥄 制作方法

1. 把从冰箱中取出的虾仁用蛋清和水淀粉拌匀；番茄去蒂，切丁。
2. 炒锅置火上，倒油烧至七成热，炒香葱花，加虾仁滑熟，放入蛋液翻炒均匀，加适量清水烧至熟透，倒入番茄翻炒3分钟，用盐和鸡精调味即可。

双耳炝苦瓜

 原料

水发黑木耳、水发银耳各15克，苦瓜150克。

调料

葱花、盐、鸡精、植物油各适量。

 制作方法

① 从冰箱中取出银耳、黑木耳和苦瓜，将撕成小朵的银耳和黑木耳焯水；将苦瓜去蒂除籽，切条，取盘，放入黑木耳、银耳和苦瓜条，加盐和鸡精搅拌均匀。

② 炒锅置火上，倒油烧至七成热，炒香葱花，淋在盘中的食材上拌匀即可。

小提示

双耳炝苦瓜
● 苦瓜具有清热消暑、养血益气、补肾健脾、滋肝明目、保护机体、降血糖、降血脂、美容肌肤的功效。

抗过敏早餐

绿豆饭+菠菜拌胡萝卜+金针菇鸡丝+蜂蜜水+红枣

食材清单：菠菜200克、胡萝卜50克、鸡胸肉100克、金针菇100克、黄瓜1根、蜂蜜1汤匙、红枣9个、辣椒油适量。

	名称	烹调难易程度	头天准备时间	早上烹调时间	烹调方法	滋味点评
主食	绿豆饭	普通级	3分钟	定时做好	蒸	软糯、微甜
菜品	菠菜拌胡萝卜	入门级	5分钟	5分钟	拌	脆滑、咸香
	金针菇鸡丝	普通级	3分钟	5分钟	拌	脆嫩、咸鲜
营养分析	有些人一到换季的时候就总爱打喷嚏，这是一种过敏反应，有过敏症状的时候，宜吃些能抗过敏的食物，可起到缓解和调养作用，比如这套早餐中的红枣含有大量抗过敏物质——环磷酸腺苷，可阻止过敏反应的发生；蜂蜜含有一定的花粉粒，会对花粉过敏产生一定的抵抗作用；胡萝卜中的β胡萝卜素能有效预防花粉过敏症、过敏性皮炎等；金针菇菌柄中含有一种蛋白，可以抑制哮喘、鼻炎、湿疹等过敏性病症。					

食材料理准备

绿豆饭

大米和绿豆分别淘洗干净，一同倒入带有定时功能的电饭煲中，加入适量清水，设定好将米饭蒸好的时间，第二天一早打开锅盖就能吃到热乎乎的绿豆饭了！（锅中的水分会在一夜的时间里将绿豆泡软，不用把绿豆单独拿出来浸泡再煮粥。）

菠菜拌胡萝卜

菠菜和胡萝卜择洗干净，装入保鲜袋中，放进冰箱冷藏。

金针菇鸡丝

1.金针菇去根，洗净，沥干水分，装入盘中；黄瓜洗净，与金针菇放在同一个盘子里，送进冰箱冷藏。

2.鸡胸肉洗净，切丝，装入小碗中，盖上保鲜膜，送进冰箱冷藏。

巧妙用时逐步盘点

这套早餐中有四种食材需要焯水，我们烧开一锅水后逐个焯水，可以节省烹调时间，所有食材焯烫好，分别切好拌制就可以了，然后把红枣清洗干净、冲蜂蜜水，最后把蒸好的米饭盛入碗中，就可以享用美味又热乎的早餐了！总用时不到12分钟！

绿豆饭

原料

大米200克、绿豆80克。

调料

水适量。

制作方法

1. 将绿豆淘洗干净，去泥沙，用温水浸泡4小时，放入锅内，加水300毫升，煮30分钟，待用。
2. 大米放入电饭煲内，加入绿豆及汁液，再加入清水适量，如常规煲米饭方法把饭煲熟即成。

小提示

绿豆饭
● 绿豆饭具有清热解毒、降低血压的功效。
菠菜拌胡萝卜
● 此菜具有促进生长发育、增强抗病能力的功效。

原料

菠菜200克、胡萝卜50克。

调料

葱花、盐、鸡精、香油各适量。

制作方法

1. 从冰箱中取出菠菜和胡萝卜，将菠菜放入沸水中焯烫30秒，捞出，晾凉，沥干水分，切段；将胡萝卜切丝。
2. 取盘，放入菠菜段和胡萝卜丝，用葱花、盐、鸡精和香油调味即可。

菠菜拌胡萝卜

金针菇鸡丝

🐷 原料

鸡胸肉100克、金针菇150克、黄瓜1根，红椒1个。

🍴 调料

盐、味精、辣椒油各适量。

🍳 制作方法

1. 从冰箱中取出金针菇、黄瓜和鸡肉丝，将黄瓜去蒂，切丝，红椒切丝。
2. 锅置火上，倒入适量热水烧沸，下入鸡肉丝和金针菇焯水，用笊篱捞出，沥干水分。
3. 取盘，放入鸡肉丝、金针菇、黄瓜丝、红椒丝，加盐、味精和少许辣椒油拌匀即可。

> 小提示
>
> 金针菇鸡丝
> ● 金针菇含有的蛋白质,能够刺激人体产生更多的抗过敏因子，加速人体新陈代谢,增强人体免疫力,从而预防过敏性疾病。

高血压预防早餐

2人份 套餐一

荞麦面条+爽口白菜+金针菇鸡丝+酸奶+香蕉

食材清单：干荞麦面条100克，海苔丝、虾米各15克，菠菜100克，大白菜心200克，山楂糕25克，酸奶2小盒（每盒200毫升），香蕉2个，高汤适量。

	名称	烹调难易程度	头天准备时间	早上烹调时间	烹调方法	滋味点评
主食	荞麦面条	普通级	5分钟	8分钟	煮	爽滑、咸鲜
菜品	爽口白菜	入门级	5分钟	3分钟	拌	脆嫩、微酸
营养分析	除了通过规律服用降压药来有效抑制高血压之外，通过饮食来调节血压也很重要。在这套早餐中，荞麦含有的芦丁能抑制会让血压上升的物质；香蕉含有丰富的碳水化合物、蛋白质、膳食纤维、维生素等人体营养物质，有利于清热利便、降低血压等功效。					

食材料理准备

荞麦面条

1.菠菜择洗干净，沥干水分，装入盘中，送进冰箱冷藏。

2.虾米洗净，用清水泡发。

爽口白菜

1.将大白菜心冲洗干净，沥干水分，放入盘中，送进冰箱冷藏。

2.山楂糕切丝，放入小碟中，盖上保鲜膜，送入冰箱冷藏。

巧妙用时逐步盘点

在一个火上把煮荞麦面条的水烧开的同时，我们可以腾出手来做爽口白菜，这道凉菜拌好后，下入荞麦面条煮着时，掰2个香蕉放进果盘中，然后专心把荞麦面条煮好就OK了！总用时不到9分钟！

荞麦面条

🐷 原料

干荞麦面条100克，海苔丝、虾米各15克，菠菜100克。

🍴 调料

葱花、高汤、酱油、辣椒油、香油、盐各适量。

🥄 制作方法

1. 把从冰箱中取出的菠菜焯水，捞出，切段；将泡发好的虾米沥去水分。
2. 汤锅置火上，倒入适量清水煮沸，放入荞麦面条煮熟，捞出。
3. 汤锅内倒入适量高汤煮沸，放入煮熟的荞麦面条，加入盐、虾米、菠菜段、海苔丝，小火煮2分钟，盛出，加入酱油，辣椒油，撒上葱花，淋上香油即可。

 小提示

荞麦面条
- 荞麦面条具有降低血脂和血清胆固醇的功效。

爽口白菜
- 此菜具有净化胃肠，促进胃肠内的蛋白质分解和吸收的功效。

爽口白菜

🐷 原料

大白菜心200克、山楂糕25克。

🍴 调料

白糖、醋、盐、香油各适量。

🥄 制作方法

1. 从冰箱中取出大白菜心和山楂糕丝，将大白菜心切丝。
2. 取盘，放入白菜丝、山楂糕丝，加白糖、醋、盐拌匀. 淋上香油即可。

海带绿豆粥+肉酱淋菠菜+橘子

食材清单：水发海带25克、绿豆20克、大米50克、菠菜250克、肉酱适量、橘子2个。

	名称	烹调难易程度	头天准备时间	早上烹调时间	烹调方法	滋味点评
主食	海带绿豆粥	普通级	3分钟	定时做好	煮	软糯、清香
菜品	肉酱淋菠菜	普通级	8分钟	6分钟	拌	脆嫩、咸香
营养分析	每天少吃1克盐，平均降压1~2个毫米汞柱，说明饮食对高血压具有不容忽视的调节作用。早餐除了要低盐，还要多选择一些能降压的食物：海带中含有钙、钾等多种物质，能降低血压和维持血压的稳定；菠菜有通血脉，助消化功效，有助于降低血压；橘子营养丰富、能加速胆固醇的转化，对高血压患者有食疗作用。					

食材料理准备

海带绿豆粥

将煮粥用到的大米、海带和绿豆处理好后一同倒入带有定时功能的电饭煲中，加入足量清水，设定好将粥煮好的时间，第二天一早打开锅盖就能吃到热乎乎的海带绿豆粥了！

肉酱淋菠菜

1.菠菜择洗干净，沥干水分，装入保鲜袋中，送进冰箱冷藏。
2.提前把肉酱做好。

巧妙用时逐步盘点

在等待焯烫菠菜的水烧开的同时，随手把橘子清洗干净，这时水烧开了，下入菠菜焯烫好，完成肉酱菠菜的拌制，最后把做好的粥盛入碗中就可以了！总用时不到8分钟！

海带绿豆粥

用料

水发海带25克、绿豆20克、大米50克。

制作方法

1. 绿豆和大米分别淘洗干净；水发海带洗净，切丝。
2. 将大米、绿豆和海带倒入电饭煲中，加入足量清水，盖严锅盖，将电饭煲的插头接通电源，选择"煮粥"选项后按下"定时"键，煮至电饭煲提示粥煮好即可。

小提示

海带绿豆粥
● 海带绿豆粥具有清热解毒、利尿、消暑除烦、止渴健胃的功效。

肉酱淋菠菜
● 此菜具有清洁皮肤、抗衰老、促进人体新陈代谢的功效。

原料

菠菜250克。

调料

肉酱适量。

制作方法

从冰箱中取出洗净的菠菜，将菠菜放入沸水中焯烫30秒，捞出，过凉，攥去水分，切段，装盘，淋入适量肉酱拌匀即可。

肉酱淋菠菜

3人份套餐一

燕麦饭+芹菜叶粉丝汤+洋葱炒牛肉+柚子

食材清单： 大米100克、燕麦片20克、芹菜叶100克、粉丝10克、鲜香菇2朵、洋葱2个、瘦牛肉150克、青红椒各1个、柚子1/2个。

	名称	烹调难易程度	头天准备时间	早上烹调时间	烹调方法	滋味点评
主食	燕麦饭	普通级	2分钟	定时做好	蒸	软糯、微甜
菜品	芹菜叶粉丝汤	普通级	3分钟	8分钟	煮	爽滑、清香
	洋葱炒牛肉	普通级	4分钟	4分钟	炒	脆嫩、咸香
营养分析	食物可以降压，我们大概都听说过。但您知道吗，患有高血压的人如果能常吃具有降血压功效的食物，可以有效降压，像我们这顿早餐中用到的燕麦、芹菜、洋葱、柚子，不仅有丰富的营养，还都具有较好的降压效果。					

食材料理准备

燕麦饭

　　将蒸饭用到的大米和燕麦片处理好后一同倒入带有定时功能的电饭煲中，加入适量清水，设定好将米饭蒸好的时间，第二天一早打开锅盖就能吃到热乎乎的燕麦饭了！

芹菜叶粉丝汤

　　1.芹菜叶择洗干净，沥干，装入保鲜袋中，送进冰箱冷藏。

　　2.鲜香菇去蒂，洗净，焯水后切丝，装入小碗中，送进冰箱冷藏。

洋葱炒牛肉

　　1.将鲜牛肉洗净，切薄片，放入小盘中，盖上保鲜膜，送进冰箱冷藏。

　　2.洋葱、青红椒，去蒂，洗净，沥干，放在牛肉的盘边。

巧妙用时逐步盘点

　　在等待煮芹菜叶粉丝汤的汤水烧开的同时，我们在另一个灶眼上烹调洋葱炒牛肉，这道菜炒好后，在烧开的汤水中下入粉丝煮着，然后随手把柚子肉剥取下来装进小碟中，接下来专心把芹菜叶粉丝汤煮好，最后把蒸好的米饭盛入碗中就可以了！总用时不到10分钟！

燕麦饭

🍲 原料

大米100克、燕麦片20克。

🍶 制作方法

① 大米和燕麦片分别淘洗干净。

② 大米和燕麦片一同倒入电饭煲中，加入适量清水，盖严锅盖，将电饭煲的插头接通电源，选择"蒸饭"选项后按下"定时"键，蒸至电饭煲提示米饭蒸好即可。

小提示

燕麦饭
● 燕麦饭具有降血糖、预防心血管疾病、润肠通便的功效。
芹菜叶粉丝汤
● 芹菜叶粉丝汤具有平肝降压的食疗作用。

🍲 原料

芹菜叶100克、粉丝10克、香菇2朵。

🍴 调料

植物油、葱花、姜末、盐、味精各适量。

🍶 制作方法

① 从冰箱中取出芹菜叶和香菇丝。

② 锅中加入植物油，烧至五成热时放入葱花、姜末炝锅，加入芹菜叶翻炒，然后注入适量清水，加入粉丝、香菇丝同煮，加盐、味精调味即可。

芹菜叶粉丝汤

洋葱炒牛肉

🐷 原料

瘦牛肉150克、洋葱2个、青红椒各1个。

🍴 调料

盐、料酒、味精、酱油、植物油、胡椒粉各适量。

🍎 制作方法

1. 从冰箱中取出洋葱和牛肉片，将洋葱切片，青红椒切成片。
2. 锅置火上，倒油烧至七成热，放入牛肉片煸熟，加洋葱片、青红椒片翻炒至断生，烹入酱油、料酒，加盐、味精和胡椒粉炒匀即可。

小提示

洋葱炒牛肉
- 此菜具有增长肌肉、增加免疫力、促进康复、补铁补血、抗衰老、杀菌、促进消化、降血压降血脂的功效。

红薯粥+糖醋紫甘蓝+木耳炒肉末+大枣

食材清单：大米50克、红薯75克、紫甘蓝300克、水发木耳50克、瘦猪肉100克、大枣9粒。

	名称	烹调难易程度	头天准备时间	早上烹调时间	烹调方法	滋味点评
主食	红薯粥	普通级	3分钟	定时做好	煮	软糯、微甜
菜品	糖醋紫甘蓝	入门级	2分钟	3分钟	拌	爽脆、酸甜
	木耳炒肉末	普通级	6分钟	5分钟	炒	脆嫩、咸香
营养分析	这套早餐中降血压的明星营养素钾的含量较高，不但适合高血压患者，也适合想预防高血压的朋友；红薯降糖解毒、预防便秘、促进胆固醇的排泄；紫甘蓝含有多种人体需用的维生素，对高血压、糖尿病患者有食疗作用；黑木耳中的胶质能将吸附残留在人体消化系统内的毒物排出体外，从而起到清胃涤肠、降低血脂、活血等作用。					

食材料理准备

红薯粥

将煮粥用到的大米和红薯处理好后一同倒入带有定时功能的电饭煲中，加入足量清水，设定好将粥煮好的时间，第二天一早打开锅盖就能吃到热乎乎的红薯粥了！

糖醋紫甘蓝

紫甘蓝择洗干净，沥干，装盘，送进冰箱冷藏。

木耳炒肉末

1.水发木耳择洗干净，撕成小朵，罩上保鲜膜，送进冰箱冷藏。

2.瘦肉去净筋膜，洗净，切末，放入小碗中，放进冰箱冷藏。

巧妙用时逐步盘点

我们先把糖醋紫甘蓝凉拌好，再烹调木耳炒肉末，然后把大枣清洗干净，把煮好的粥盛入碗中就OK了！总用时不到11分钟！

红薯粥

🍚 用料

大米50克、红薯75克。

🍵 制作方法

① 大米淘洗干净；红薯洗净，去皮，切滚刀块。

② 将大米和红薯块倒入电饭煲中，加入足量清水，盖严锅盖，将电饭煲的插头接通电源，选择"煮粥"选项后按下"定时"键，煮至电饭煲提示粥煮好即可。

小提示

红薯粥
● 春季养生可多喝些红薯粥，因为红薯粥可以正气、养胃、化食、去积、清热，尤其是患肠胃病和感冒的人，多喝红薯粥可以增强抵抗力。

原料

紫甘蓝300克。

调料

盐、白糖、味精、醋、香油各适量。

制作方法

① 取小碗，加盐、白糖、味精、醋和香油拌匀，制成调味汁。

② 把从冰箱中取出的紫甘蓝切细丝，装盘，淋入调味汁拌匀即可。

小提示

糖醋紫甘蓝

● 甘蓝菜是强身健体的蔬菜。紫甘蓝含有丰富的硫元素，这种元素的主要作用是杀虫止痒，对于各种皮肤瘙痒，湿疹等疾患具有一定食疗作用。

糖醋紫甘蓝 》

木耳炒肉末

原料

水发黑木耳100克、瘦猪肉50克。

调料

盐、白糖、植物油、葱丝、姜末、酱油、料酒、味精各适量。

制作方法

1. 从冰箱中取出黑木耳和剁好的瘦猪肉末。
2. 锅置火上，倒油烧热，炒香葱丝、姜末，放入肉末煸熟，加木耳翻炒均匀，加酱油、料酒、白糖、盐和味精翻炒均匀即可。

小提示

木耳炒肉末
● 此菜具有补气血、减肥、治便秘、清肠胃、补充蛋白质和脂肪酸、润燥、补肾滋阴的功效。

Part 3

西式浪漫
早点套餐

两口之家西式营养早餐

2人份 套餐一

果酱面包+芥蓝沙拉+魔鬼蛋+椰汁（罐装）

食材清单：果酱面包2个、芥蓝200克、鸡蛋3个、草莓2个、椰汁2罐（每罐200毫升）、沙拉酱、橄榄油和蛋黄酱适量。

	名称	烹调难易程度	头天准备时间	早上烹调时间	烹调方法	滋味点评
主食	果酱面包	高手级	1分钟	1分钟	烤	暄软、香甜
菜品	魔鬼蛋	普通级	5分钟	4分钟	煮	嫩滑、酸甜
	芥蓝沙拉	入门级	2分钟	8分钟	拌	爽脆、微甜
营养分析	周六适合做一顿西式早餐，以配合周末的轻松心情，不但好做、好吃，还很有营养：果酱面包富含碳水化合物，能为身体提供充足的能量；鸡蛋富含优质蛋白质，同时能补充钙和铁；芥蓝和草莓含有维生素、矿物质和膳食纤维，对维持体内的酸碱平衡非常有益。					

食材料理准备

果酱面包

从外面买回来的或者自己做好的果酱面包装入保鲜袋中，夏季送进冰箱冷藏，春、秋、冬三季室温存放。

芥蓝沙拉

1.芥蓝择洗干净，沥干水分，装入保鲜袋中，放进冰箱冷藏。

魔鬼蛋

1.做魔鬼蛋时需要蛋黄酱，家中如果没有，别忘了去超市买一小瓶。

2.取3个鸡蛋煮熟。

3.草莓冲洗干净，放入小碗中，罩上保鲜膜，送入冰箱冷藏。

巧妙用时逐步盘点

在等待焯烫芥蓝的水浇开的时候，我们把果酱面包放进微波炉里热好，然后把芥蓝切好，接着把魔鬼蛋做好，水开后下入芥蓝，然后拌制，一套美味且非常快捷的西式早餐就做好了！算算时间，总用时还不到9分钟！

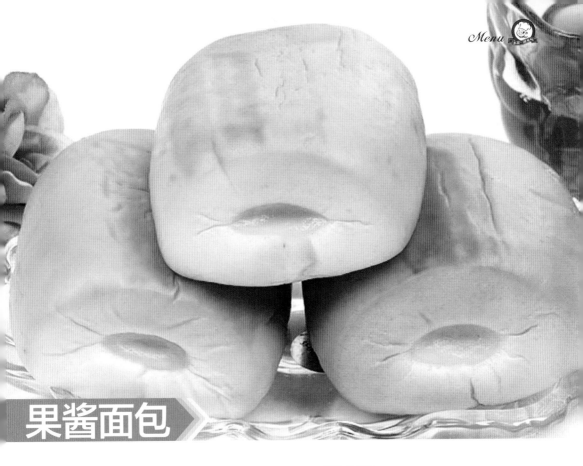

果酱面包

🍯 原料

高筋面粉200克、牛奶110毫升、细砂糖30克、酵母3克、鸡蛋15克、果酱30克。

🍴 调料

黄油、盐、芝麻各适量。

🥄 制作方法

1. 将牛奶、鸡蛋、盐、细砂糖、高筋粉放入面包机中，面粉中间挖一小窝，里面放发酵粉，启动面包机和面，待到面团揉至光亮，加入黄油继续揉，用面包机发面功能。
2. 将发好的面团取出，按压除气泡，分成5小份。静置10分钟。
3. 将面剂擀成圆形，中间裹入果酱，收口，搓成椭圆形。在烤盘内放油纸，把做好的面包码在烤盘内。用刀在面团表面刻三刀，放入烤箱二次发酵。
4. 表面刷蛋液，撒上芝麻，烤箱预热180度，放入烤箱烤20分钟即可。

小提示

果酱面包
- 面包含有蛋白质、脂肪、碳水化合物、少量维生素及钙、钾、镁、锌等矿物质，口味多样，易于消化、吸收，延缓衰老，食用方便，在日常生活中颇受人们喜爱。

芥蓝沙拉

🥗 原料

芥蓝200克。

🍴 调料

橄榄油、沙拉酱各适量。

🥄 制作方法

① 从冰箱中取出芥蓝。

② 汤锅置火上，倒入适量热水烧沸，放入芥蓝焯烫至断生，用笊篱捞出，过凉，沥干水分，切段。

③ 取盘，放入焯好的芥蓝，淋上橄榄油、沙拉酱拌匀即可。

小提示

芥蓝沙拉
● 芥蓝沙拉具有降低胆固醇、软化血管、预防心脏病的功效。

魔鬼蛋
● 魔鬼蛋具有健脑益智、防治动脉硬化、保护肝脏的功效。

🥗 原料

鸡蛋3个、草莓2个。

🍴 调料

白醋、盐、黑胡椒、蛋黄酱各适量。

🥄 制作方法

① 把从冰箱里取出的草莓切小粒。

② 熟鸡蛋去壳，对半切开，取蛋黄碾成泥，加白醋、盐、黑胡椒搅拌均匀，然后把搅拌好的蛋黄盛入蛋清里，撒上草莓粒即可。

魔鬼蛋

香蒜面包汤+凉拌生鲑鱼+樱桃

食材清单： 法式面包100克，蒜瓣10粒，鸡蛋3个，鲜鲑鱼肉200克，九层塔碎叶、松子、橄榄油、胡椒粉、柠檬汁、咖啡粉各适量，樱桃150克，番茄100克。

	名称	烹调难易程度	头天准备时间	早上烹调时间	烹调方法	滋味点评
主食	香蒜面包汤	普通级	3分钟	7分钟	煮	滑嫩、咸香
菜品	凉拌生鲑鱼	普通级	8分钟	4分钟	拌	鲜嫩、微酸
营养分析	没有胃口或早上不知道该吃什么的时候，就做一份西式早餐来换换口味吧，营养也不打折哦：鸡蛋、鲜鲑鱼肉富含优质蛋白质，摄入足量的蛋白质可以提高人体的新陈代谢率；樱桃含有维生素、矿物质和膳食纤维，具有抗贫血和美容的功效。					

食材料理准备

香蒜面包汤

1.将蒜瓣洗净，去皮，装入小碟中。

2.取2个鸡蛋洗净，放入小碗中，送入冰箱冷藏。

凉拌生鲑鱼

1.取1个鸡蛋煮熟，去皮，取蛋黄碾成泥，盖上保鲜膜，送进冰箱冷藏。

2.鲜鲑鱼肉洗净，擦干表面的水分，切小丁，放入盘中，盖上保鲜膜，送进冰箱冷餐即可。

3.拌菜时需要九层塔碎叶、松子、橄榄油、胡椒粉、柠檬汁，家中没有的就提前去买吧！

巧妙用时逐步盘点

用橄榄油炒香蒜瓣，然后加热水烧开的同时，我们把做汤需要的食材处理好，然后把樱桃清洗干净，之后把蒜香面包汤做好，最后专心把凉拌生鲑鱼拌制好就可以吃早餐了！总用时不到12分钟！

香蒜面包汤

🐷 原料

法式面包100克、蒜瓣10粒、鸡蛋2个。

🍴 调料

盐、橄榄油各适量。

🥄 制作方法

1. 法式面包掰成小块；从冰箱里取出鸡蛋，磕入碗中，打散。
2. 炒锅置火上烧热，倒入橄榄油，炒香蒜瓣，冲入适量热水煮开，淋入蛋液搅成蛋花，加盐调味，放入面包即可。

小提示

香蒜面包汤
- 香蒜面包汤具有防治心血管疾病、对抗细菌及病毒的功效。

凉拌生鲑鱼
- 此菜具有补虚劳、健脾胃、暖胃和中的功效。

🐷 原料

鲜鲑鱼肉200克、蛋黄1个、番茄100克。

🍴 调料

九层塔碎叶、松子、橄榄油、胡椒粉、盐、柠檬汁各适量。

🥄 制作方法

1. 从冰箱中取出鲜鲑鱼肉和蛋黄泥；番茄去蒂，一切两半。
2. 取盘，放入鲑鱼肉，加番茄、九层塔碎叶、松子、蛋黄泥、橄榄油、胡椒粉、柠檬汁、盐拌匀即可。

凉拌生鲑鱼

2人份
套餐三

印尼炒饭+鲜虾芦笋沙拉+牛奶

食材清单：熟米饭（蒸）300克，火腿50克，洋葱1/3个，菠萝1/4个，青红椒60克，鸡蛋2个，熟蛋黄1个，小西红柿3个，芦笋150克，鲜虾仁50克，牛奶2袋（每袋约250毫升），咖喱粉、沙拉酱各少许。

	名称	烹调难易程度	头天准备时间	早上烹调时间	烹调方法	滋味点评
主食	印尼炒饭	普通级	6分钟	7分钟	炒	干爽、微辣
菜品	鲜虾芦笋沙拉	普通级	8分钟	5分钟	拌	脆嫩、酸甜
营养分析	这道早餐营养比较全面，并且干稀搭配，更有利于营养物质的吸收：炒饭富含碳水化合物，是上午工作和学习最不能缺少的营养素，其中所用到的食材荤素搭配、种类多样，营养更均衡；虾仁和牛奶都含有较多的钙质，对补钙有益；芦笋含有维生素、矿物质和膳食纤维。					

食材料理准备

印尼炒饭

1.取2个鸡蛋洗净，放入盘中，送进冰箱冷藏。

2.青红椒洗净，洋葱择洗干净，装入保鲜袋中，放进冰箱冷藏。

3.家中若没有咖喱粉则提前去超市买好。

4.把火腿切成丁，放入小碗中，罩上保鲜膜，送进冰箱冷藏。

5.取300克熟米饭（蒸）装入碗中，盖上保鲜膜，放入冰箱冷藏。

6.菠萝去皮，洗净，装入保鲜袋或保鲜盒中，送进冰箱冷藏。

鲜虾芦笋沙拉

1.将虾仁清洗干净，装盘。

2.把芦笋、小西红柿择洗干净，与虾仁一同放在一个盘里，放入冰箱冷藏。

3.取一个鸡蛋煮熟，去皮，取蛋黄碾碎。

巧妙用时逐步盘点

印尼炒饭和鲜虾芦笋沙拉都是需要专心烹调的西餐，首先我们专心地把印尼炒饭炒好，然后开始做鲜虾芦笋沙拉，在等待焯烫芦笋和虾仁的水烧开的空闲里，把牛奶放进微波炉里热着，同时可以把芦笋切好，牛奶热好后，芦笋和虾仁焯烫好后进行拌制就OK了，总用时不到13分钟！

印尼炒饭

原料

熟米饭(蒸)300克、火腿50克、洋葱1/3个、菠萝1/4个、青红椒60克、鸡蛋2个。

调料

咖喱粉、植物油各适量。

制作方法

1. 从冰箱里取出火腿、洋葱、菠萝肉、青红椒、鸡蛋和熟米饭，火腿、洋葱、菠萝肉均切丁；青红椒去蒂和籽，切丁。
2. 炒锅置火上烧热，倒入植物油，磕入鸡蛋煎成太阳蛋（即只煎一面），盛出。
3. 在原锅的底油中放入洋葱和咖喱粉炒香，倒入米饭、青红椒丁翻炒均匀，下入火腿和菠萝肉略炒，盛入盘中，放上煎好的蛋即可。

 小提示

印尼炒饭
● 印尼炒饭具有增进食欲、促进血液循环的功效。
鲜虾芦笋沙拉
● 芦笋具有利水、清热、增强免疫力的功效。

原料

芦笋150克、虾仁50克。

调料

胡椒粉、沙拉酱各适量。

制作方法

1. 从冰箱里取出芦笋、虾仁，把小西红柿刀切两瓣。
2. 汤锅置火上，倒入适量热水烧沸，分别放入芦笋、虾仁焯熟，用笊篱捞出，过凉，沥干水分；将芦笋切段。
3. 取盘，放入焯好的芦笋、虾仁、西红柿，撒上胡椒粉，淋上沙拉酱即可。

鲜虾芦笋沙拉

2人份
套餐四

番茄肉松三明治+牛肉酸瓜卷+咖啡

食材清单：面包片200克、番茄100克、肉松50克、鲜牛肉100克、酸黄瓜50克、袋装速溶咖啡2小袋、干酪粉少许。

	名称	烹调难易程度	头天准备时间	早上烹调时间	烹调方法	滋味点评
主食	番茄肉松三明治	普通级	8分钟	3分钟	烤制	松软、咸香
菜品	牛肉酸瓜卷	普通级	3分钟	10分钟	拌	脆嫩、微酸
营养分析	这道西式早餐有好吃的肉松三明治和开胃解馋的牛肉酸瓜卷，不用去西餐厅，自己就能搞定，还营养好吃：制作三明治所用的面包片富含碳水化合物，能为身体提供充足的能量；肉松和牛肉富含优质蛋白质，是人体维持生命和保持健康的必需营养素；酸黄瓜和番茄含有维生素和矿物质，能维持人体正常的物质代谢。					

食材料理准备

番茄肉松三明治

1.把番茄清洗干净，沥干水分，放入小碗中。

2.肉松提前去超市买好或自己做好，自己做肉松也很简单、方便，具体做法是：取500克猪里脊肉洗净，切条，放入沸水中焯去血水，捞出；汤锅置火上，放入猪肉、酱油、盐、白糖、姜片、葱段、料酒、茴香、桂皮和适量清水大火煮沸，转小火煮至猪肉熟烂，捞出，沥干水分；无油无水的炒锅置火上，放入猪肉，用小火翻炒，炒至肉脱水、肉丝散碎、颜色成灰黄色，关火，撒上花椒粉拌匀就可以了。

牛肉酸瓜卷

1.将鲜牛肉洗净，切薄片，加胡椒粉和少许盐抓匀，放入小碗中，盖上保鲜膜，送进冰箱冷藏。
2.烹调时要用到干酪粉，家中没有的话就提前准备吧！

咖啡

提前烧一壶开水，咖啡用开水冲泡味道才醇香！

巧妙用时逐步盘点

制作牛肉酸瓜卷的10分钟里面，前5分钟因为需要动手把牛肉片逐一卷上酸黄瓜，所以不能腾出手干别的，在牛肉酸瓜卷送进烤箱进行焖制的时候，我们可以逐一做番茄肉松三明治和冲泡咖啡，这两样做好后，牛肉酸瓜卷也焖制好了，就可以享用这顿美味营养的西式早餐了，总用时不到11分钟！这里要提醒您：卷牛肉卷的同时请把烤箱预热着，这样才能更节省烹调时间！

番茄肉松三明治

👒 用料

面包片200克、番茄100克、肉松50克。

👒 制作方法

1. 番茄去蒂，切薄片。
2. 取一片面包，放上番茄、肉松，取另一片面包盖上，再放上番茄、肉松，再盖上一片面包，沿面包片的对角线切一刀，切成2块三角形即可。

小提示

番茄肉松三明治
● 番茄肉松三明治具有生津开胃、健胃消食、清热解毒的功效。

咖啡
● 咖啡具有促进代谢机能、活络消化器官、消除疲劳的功效。

👒 用料

速溶咖啡2小袋、开水300毫升。

👒 制作方法

取杯子，撕去袋装速溶咖啡的外包装，将咖啡倒入杯中，冲入适量开水搅拌均匀即可。

咖啡

牛肉酸瓜卷

🍖 原料

鲜牛肉100克、酸黄瓜50克。

🍶 调料

干酪粉、胡椒粉、盐各适量。

🍳 制作方法

① 从冰箱中取出腌渍好的鲜牛肉片；酸黄瓜纵向切条。

② 逐一取牛肉片分别卷上一条酸黄瓜，码入烤盘中，撒上干酪粉，送入预热至200度的烤箱焖烤5分钟，戴上隔热手套取出，装盘即可。

小提示

牛肉酸瓜卷
● 牛肉蛋白质含量高，而脂肪含量低，具有增长肌肉、促进康复、增加免疫力、补铁补血、抗衰老的功效。

三口之家西式营养早餐

 3人份 套餐一

枕头面包+香煎三文鱼配番茄

食材清单：枕头面包1个、三文鱼肉1块（约250克）、番茄1个、洋葱1/4个、柠檬1/2个、干白葡萄酒10毫升、淡奶油20毫升、黄油40克、速溶奶茶2袋、沙拉酱少许。

	名称	烹调难易程度	头天准备时间	早上烹调时间	烹调方法	滋味点评
主食	枕头面包	高手级	1分钟	1分钟	烤	暄软、香甜
菜品	香煎三文鱼配番茄	普通级	3分钟	10分钟	煎	外焦内嫩、微酸
营养分析	很适合我们口味的一道西式早餐，干稀搭配，营养全面而均衡：面包富含碳水化合物，能为身体提供充足的能量；水果沙拉富含维生素、矿物质和膳食纤维，有助于改善酸性体质；三文鱼不但富含优质蛋白质和铁，而且富含DHA，孩子吃了能健脑益智。					

食材料理准备

枕头面包

枕头面包可以提前自己做好或买好，切成面包片，装入保鲜袋中，夏季送进冰箱冷藏，春、秋、冬三季室温存放。

香煎三文鱼配番茄

1.三文鱼肉洗净，沥干水分，装进小碗中，罩上保鲜膜，送进冰箱冷藏。

2.番茄洗净；洋葱撕去老膜，去蒂，洗净，与番茄一同放在一个盘里，罩上保鲜膜，送进冰箱冷藏。

巧妙用时逐步盘点

做香煎三文鱼配番茄总共需要10分钟，在将三文鱼肉进行腌渍的5分钟时间里，我们可以先把做香煎三文鱼所需要的洋葱和番茄切好，然后用3分钟时间拌好水果沙拉，再把面包片放进微波炉里用高火加热0.5分钟，三文鱼肉腌渍好了，再完成煎制就OK了！总用时不到11分钟！

枕头面包

原料

高筋面粉250克、牛奶145克、酵母粉3克、鸡蛋1个。

调料

黄油20克、盐2.5克、白糖35克。

制作方法

1. 取面盆，放入125克高筋面粉、1.5克酵母粉，淋入110克牛奶和成面团，用保鲜膜罩住面盆口，送进冰箱冷藏12小时。

2. 取出冷藏好的面团，添加35克牛奶、1个鸡蛋、20克黄油、2.5克盐、35克白糖、125克高筋面粉和1.5克酵母粉揉匀，饧发至原面团体积的两倍大，擀成圆饼状，折叠两下，再擀成长方形，卷成卷，放入制作枕头面包的模具内，放在温暖的地方饧发到面团充满整个模具。

3. 将烤箱预热到210℃，用上下火烤30分钟，戴上隔热手套取出，晾凉后脱模，切片即可。

小提示

枕头面包

● 面包大量采用谷物作为原料，含有丰富的膳食纤维、不饱和脂肪酸和矿物质，有助提高新陈代谢，有益身体健康。

香煎三文鱼配番茄

🥘 原料

三文鱼肉1块(约250克)、番茄1个、洋葱1／4个、柠檬l／2个。

🍴 调料

干白葡萄酒10毫升、淡奶油20毫升、盐2克、胡椒粉1克、黄油20克。

🍳 制作方法

1. 从冰箱中取出三文鱼肉、番茄和洋葱，三文鱼肉装盘，拿柠檬挤入柠檬汁拌匀，腌渍5分钟，用厨房纸巾擦干表面水分；洋葱切碎；番茄去蒂，切丁。

2. 平底锅置火上，放入黄油烧至熔化，放入腌渍好的三文鱼，煎至熟透且两面上色，盛出装盘。

3. 平底锅重置火上，炒香洋葱碎，淋入干白葡萄酒和淡奶油，翻炒至锅中的汤汁黏稠，下番茄丁略炒，加盐和胡椒粉调味，离火，淋在盘中煎好的鱼肉上即可。

小提示

香煎三文鱼配番茄
● 三文鱼中含有丰富的不饱和脂肪酸，能有效提升高密度脂蛋白胆固醇、降低血脂和低密度脂蛋白胆固醇，防治心血管疾病。

总汇三明治+海鲜巧达浓汤+奶油炒西蓝花

3人份 套餐二

食材清单：吐司面包片3片，鸡胸肉2大片，火腿2片，生菜2大片，鸡蛋2个，番茄1个，西蓝花250克，鲜奶油25毫升，鲜虾仁100克，蛤蜊6个，洋葱1个，西芹50克，面粉30克、鲜奶油45毫升，高汤600毫升，香叶3片，胡椒粉、黄油、法香末各少许。

	名称	烹调难易程度	头天准备时间	早上烹调时间	烹调方法	滋味点评
主食	总汇三明治	普通级	5分钟	15分钟	煎	软嫩、咸香
菜品	奶油炒西蓝花	普通级	3分钟	3分钟	炒	爽滑、奶香
	海鲜巧达浓汤	普通级	10分钟	9分钟	煮	爽滑、咸鲜
营养分析	非常丰盛的一顿西式早餐，食材和口味多样，营养也均衡：三明治富含碳水化合物，能让你精神抖擞；海鲜汤用到多种富含优质蛋白质的海鲜，并且汤含有一定量的水分，能补充夜间体内丢失的水分；生菜、番茄、西蓝花、洋葱等富含维生素、矿物质和膳食纤维，一般人早上胃口都不是很好，在早餐时吃一些番茄，不但能增进食欲，而且还能促进食物的消化和吸收。					

食材料理准备

总汇三明治

1.鸡胸肉洗净，放进保鲜袋，冷藏。

2.生菜择洗干净，番茄洗净，沥干。

海鲜巧达浓汤

1.虾仁挑去虾线，洗净；蛤蜊放入淡盐水中让其吐净泥沙，洗净。二者均放入冰箱冷藏。

2.洋葱撕去老膜，去蒂，洗净；西芹去叶，洗净。二者均放入冰箱冷藏。

奶油炒西蓝花

西蓝花择洗干净，沥干，放入保鲜袋中，送进冰箱冷藏。

巧妙用时逐步盘点

在腌制做三明治所需的鸡胸肉的5分钟里，把焯烫西蓝花的水烧上，在等待水烧开的同时，把需要切的食材都切好，西蓝花焯烫好后，在一个炉灶上把制作海鲜巧达浓汤的食材下锅后淋入高汤煮着，在另一个炉灶上做奶油炒西蓝花，西蓝花炒好后，浓汤煮好调好味后离火，最后专心把三明治做好就OK了！总用时不到16分钟！

总汇三明治

🍴 原料

吐司面包片6片，鸡胸肉、火腿各1片，生菜1大片，鸡蛋1个，番茄1／2个。

🍴 调料

胡椒粉、盐、蛋黄酱、橄榄油各适量。

🍴 制作方法

1. 鸡胸肉洗净，用牙签或叉子在表面扎几个小孔，加盐和胡椒粉拌匀，腌渍10分钟；生菜择洗干净，撕成中等大小的片；番茄洗净，去蒂，切片。
2. 煎锅置火上烧热，倒入橄榄油，放入腌渍好的鸡胸肉，煎至两面熟透，盛出；在原锅中放入火腿片煎香，盛出；磕入鸡蛋，煎熟；吐司面包片放入吐司炉中烤至上色，取出，切去四边的硬皮。
3. 取一片面包，在一面均匀地涂抹上蛋黄酱，依次放上火腿、煎鸡蛋，盖上一片面包，再依次放上生菜、番茄、鸡胸肉，盖上一片面包，用牙签固定两端，沿面包片的对角线切成两个三角形即可。

> 小提示
>
> **总汇三明治**
> ● 三明治食材搭配丰富，内有沙拉酱，能增强食欲，能量含量不低，能补充人体所需能量，健胃消食。

海鲜巧达浓汤

原料

虾仁100克、蛤蜊6个、洋葱1／2个、西芹50克、面粉30克、鲜奶油20毫升。

调料

高汤600毫升，香叶3片，盐、白胡椒粉适量，法香末少许。

制作方法

1. 从冰箱中取出虾仁、蛤蜊、洋葱和西芹，洋葱切碎，西芹切丁。

2. 炒锅置火上，放入鲜奶油加热至融化，炒香洋葱碎、香叶，倒入西芹，撒入面粉小火炒匀，淋入高汤中火煮开，转小火煮至汤汁略稠，放入虾、蛤蜊煮5~6分钟，加盐和白胡椒粉调味，盛出，撒上法香末即可。

小提示

海鲜巧达浓汤
● 海鲜巧达浓汤具有减少血液胆固醇、抵抗血液凝固的功效。
奶油西蓝花
● 此菜具有增强机体免疫力、减肥的功效。

原料

西蓝花250克、洋葱1／2个、鲜奶油25毫升。

调料

盐2克、白胡椒粉1克、黄油适量。

制作方法

1. 从冰箱中取出西蓝花和洋葱，西蓝花掰成小朵，用沸水焯烫1分钟，捞出，沥干水分；洋葱切碎。

2. 炒锅置火上，放入黄油烧至熔化，炒香洋葱碎，倒入鲜奶油翻炒均匀，加盐和白胡椒粉调味即可。

奶油西蓝花

3人份 套餐三

茄汁意面+洋葱圈煎鸡蛋+牛奶+香蕉

食材清单：意大利面（干）150克，番茄2个，番茄1个，洋葱1/2个，鸡蛋3个，香蕉3个，袋装牛奶3袋（每袋约200毫升），番茄酱、牛油、千岛酱各适量。

	名称	烹调难易程度	头天准备时间	早上烹调时间	烹调方法	滋味点评
主食	茄汁意面	普通级	3分钟	7分钟	拌	劲道、微酸
菜品	洋葱圈煎鸡蛋	普通级	1分钟	6分钟	煎	嫩滑、葱香
营养分析	有些西餐的做法其实没有我们想象的那么复杂，比如这套好吃、好做又营养的西式早餐：制作茄汁意面用到的意大利面富含碳水化合物；鸡蛋、牛奶富含优质蛋白质，富含维生素C，能提高身体的免疫力。					

食材料理准备

茄汁意面

1.番茄清洗干净，沥干水分，装入盘中。

2.洋葱择洗干净，沥干水分，与番茄同放一个盘子里。

3.家中没有牛油的需提前购买好。

洋葱圈煎鸡蛋

把3个鸡蛋洗净，装入小碗中，放入冰箱冷藏。

巧妙用时逐步盘点

在做洋葱圈煎鸡蛋的同时，我们用微波炉热牛奶，掰3个香蕉放进果盘中，再看洋葱圈煎鸡蛋也煎得差不多了，入盘上桌后，专心把茄汁意面做熟就可以了！总用时不到14分钟！这里要提醒大家，在切蔬菜和焯烫蔬菜的时候，别忘了不时把煎蛋翻翻面，以免煎糊。

茄汁意面

原料

意大利面（干）150克、番茄1个、洋葱1/2个。

调料

番茄酱、牛油各适量。

制作方法

1. 番茄去蒂，切丝；洋葱切丝。
2. 汤锅置火上，倒入适量热水烧沸，下入意大利面煮熟，捞出，装盘。
3. 炒锅置火上，倒入牛油烧至熔化，炒香洋葱丝，放入番茄炒熟，淋入番茄酱翻炒均匀，浇在盘中煮好的意大利面上拌匀即可。

小提示

茄汁意面
- 茄汁意面具有改善贫血、增强免疫力、平衡营养吸收的功效。

洋葱圈煎鸡蛋
- 此菜具有促食欲、助消化、降低胆固醇、发散风寒的功效。

原料

洋葱1/2个、鸡蛋3个。

调料

植物油适量。

制作方法

1. 洋葱择洗干净，切成圈；从冰箱中取出鸡蛋。
2. 煎锅置火上烧热，倒入植物油，放入洋葱圈，在洋葱圈内磕入鸡蛋，煎至鸡蛋两面熟透，盛出装盘即可。

洋葱圈煎鸡蛋

3人份
套餐四

草莓山药奶昔+水波蛋+芦笋沙拉

食材清单：青芦笋2根，牛油果1个，鸡蛋3个，山药100克，草莓10个，牛奶1袋（约250毫升），白葡萄酒醋10毫升，橄榄油15毫升，奶油、黑胡椒粉、番茄酱各适量。

	名称	烹调难易程度	头天准备时间	早上烹调时间	烹调方法	滋味点评
菜品	芦笋沙拉	入门级	3分钟	4分钟	拌	爽脆、微酸
	水波蛋	普通级	1分钟	5分钟	煮	滑嫩、鲜香
饮品	草莓山药奶昔	入门级	4分钟	3分钟	榨汁	爽滑、奶香
营养分析	这份西式早餐中鸡蛋富含蛋白质，芦笋、草莓、山药含有较多的维生素、矿物质和膳食纤维，奶昔含有一定量的水分，人体需要的营养素都有了，可以说这顿早餐营养全面而均衡！					

食材料理准备

草莓山药奶昔

1.草莓、山药清洗干净，沥干水分，放入盘中，送入冰箱冷藏。

2.搅拌机要清洗干净，排查故障。

芦笋沙拉

芦笋削去根部的硬皮，洗净；牛油果洗净。

水波蛋

取3个鸡蛋洗净，送进冰箱冷藏。

巧妙用时逐步盘点

在火上烧水准备焯芦笋的空闲，将山药和草莓块放入搅拌机中，加牛奶制作草莓山药奶昔。在另一个火上烧水保持微沸状态滑入鸡蛋、制作水波蛋后，专心制作芦笋沙拉即可。

草莓山药奶昔

🍮 **用料**

牛奶1袋（每袋约250毫升）、山药100克、草莓10个。

🥄 **制作方法**

1. 从冰箱中取出山药和草莓，山药去皮，切小块；草莓去蒂，切小块。
2. 山药块和草莓块放入搅拌机中，倒入牛奶搅拌均匀，倒入杯中饮用即可。

小提示

草莓山药奶昔
● 具有预防心脏病、中风、减少黑斑和雀斑的功效。

水波蛋
● 此菜具有健脑益智、改善记忆力的功效。

🍮 **原料**

鸡蛋3个。

🍮 **调料**

盐3克、白醋15毫升。

🥄 **制作方法**

1. 把从冰箱中取出的鸡蛋分别磕入三个小碗中。
2. 汤锅置中火上，倒入足量的清水加热至锅底有细密的气泡上浮，加盐和白醋，将小碗中的鸡蛋一个一个地滑入锅中，小火保持锅中的水微沸，煮到用漏勺轻压蛋黄部位感觉有弹性，捞出即可。

水波蛋

芦笋沙拉

🍴 原料

青芦笋2根、牛油果1个、水萝卜1个、熟鸡蛋1个、熟鸡肉100克、苦菊10克。

🍴 调料

白葡萄酒醋10毫升、盐2克、黑胡椒粉1克、橄榄油15毫升。

🍳 制作方法

1. 从冰箱中取出芦笋和牛油果，牛油果去皮除核，切片，水萝卜切片，熟鸡蛋去皮切4块，熟鸡肉撕块。

2. 取小碗，加白葡萄酒醋、橄榄油、盐、黑胡椒粉拌匀，制成沙拉汁。

3. 汤锅置火上，倒入适量水烧开，加盐，放入芦笋迅速焯烫，捞出泡入冰水或凉开水中过凉，捞出沥干水分，切段。

4. 取盘，放入芦笋段、牛油果、水萝卜片、鸡蛋块、鸡肉块、苦菊，淋上沙拉汁拌匀即可。

小提示

芦笋沙拉
- 芦笋对心血管病、肾炎、胆结石、肝功能障碍和肥胖均有预防作用。

Part 4

应时营养
早餐套餐

春季篇

蒜薹拌桃仁

🥗 原料

桃仁500克、蒜薹100克、红辣椒30克。

🍴 调料

色拉油、盐、味精、花椒、白醋各适量。

🍲 制作方法

① 蒜薹洗净沥干后切段，红辣椒切成小段。

② 炒锅上火，放适量色拉油烧热，再下花椒炸出香味捞出，离火。

③ 炒锅内投入蒜薹、红椒段炒匀，加盐、味精、白醋和核桃仁，拌匀即成。

小提示

蒜薹拌桃仁
● 具有预防心脏病、中风，减少黑斑和雀斑的功效。

虾皮拌小葱
● 此菜具有保护心血管、缓解神经衰弱、增强体质的功效。

🥗 原料

小葱15克，虾皮100克，红辣椒1个。

🍴 调料

香油、生抽、盐各适量。

虾皮拌小葱

🍲 制作方法

① 取适量小葱节放在小盆内，加盐拌匀。腌约3分钟，沥去汁水。

② 虾皮挤干水分，与小葱、红辣椒、香油拌匀即可。

🦐 原料

菠菜100克，猪肝100克。

🍴 调料

水淀粉、盐、姜丝、胡椒粉、香油、味精各少许。

🍶 制作方法

1. 汤锅上火，加入适量清水烧开，放入姜丝、胡椒粉煮出味。
2. 先下猪肝片煮至变色，再下菠菜，煮至肝熟。
3. 加盐和味精调味，用水淀粉勾玻璃芡汁，推匀，淋香油，出锅即成。

菠菜猪肝羹

小提示

菠菜猪肝羹
● 菠菜猪肝羹具有养血补虚、明目、去除毒素的功效。

肉酱四季豆
● 此菜具有增进食欲、缓解缺铁性贫血、养胃下气的功效。

肉酱四季豆

🦐 原料

四季豆500克，猪肉馅140克。

🍴 调料

香油、盐、白砂糖、生抽、鸡精、葱花各适量。

🍶 制作方法

1. 将四季豆择去两头及筋，洗净，切成小节；肉馅剁细。
2. 炒锅放油烧至六成热，投入四季豆炸至无水汽捞出；待油温升高，下入复炸至酥脆，倒出沥油。
3. 锅随余油复上火，炸香葱花，下肉馅略炒，加入生抽、白砂糖，加入100克清水，加盐、四季豆，推炒肉酱黏稠至裹住四季豆，加香油。翻匀离火晾凉。
4. 盛容器中，加盖，随用随取。

生炒胡萝卜

原料

胡萝卜300克。

调料

盐、味精、香油、花椒、葱花、干辣椒、色拉油各适量。

制作方法

1. 炒锅上中火，放入色拉油烧热，下花椒炸出香味捞出，投入5克葱花和干辣椒炸焦。
2. 倒入胡萝卜片翻炒至熟，加盐、味精调味，淋适量香油，装盘。

小提示

生炒胡萝卜
● 此菜具有增强抵抗力、降糖降脂、利膈宽肠的功效。

夹心玉米饼
● 夹心玉米饼具有促进胃肠蠕动、防止血糖升高、降低胆固醇的功效。

夹心玉米饼

原料

细玉米面160克，普通面粉100克，鸡蛋1.5个，香蕉1根。

调料

酵母粉2.5克，白糖50克，食用油20克，沸水80克，芝麻适量。

制作方法

1. 香蕉泥入碗，加白糖拌匀成馅，待用。
2. 将饧好的面团擀成0.3厘米厚的长方形，在其一半的上面抹匀香蕉馅，然后对折、按实，再切成若干个大小相等的菱形块，用筷子在上面压出花纹，蘸上芝麻。摆在烤盘内，入预热至150℃～180℃的烤箱内烤6～8分钟至熟即成。

🍲 原料

青椒1颗，黄椒1颗，红椒1颗，话梅10颗。

🍲 调料

梅子粉1小匙、盐适量。

🥄 制作方法

① 将青、黄、红柿椒分别切下蒂部。纵剖成两半，去净籽瓤、筋，洗净，控干水分，切成滚刀小块。

② 取一干净小盆，先放入彩椒块，再加入话梅肉、梅子粉和盐拌匀。

③ 腌约一个晚上，第二天即可取出食用。

梅渍彩椒

小提示

梅渍彩椒
● 此菜具有和胃、健脾、润肺止咳的功效。
红柿藕条
● 此菜具有强健胃黏膜、预防贫血、改善肠胃的功效。

红柿藕条

🍲 原料

莲藕400克，西红柿100克。

🍲 调料

5克白糖、辣椒油、盐、姜汁各适量。

🥄 制作方法

① 莲藕切条，嫩藕条用清水洗两遍，投入到沸水锅中氽至断生。捞出过凉。沥尽水分。

② 将藕条置于小盆内，加盐拌匀，腌约5分钟，沥干水分。

③ 加西红柿丁、姜汁、5克白糖和辣椒油拌匀，即成。

韭菜虾饼

🍲 原料

韭菜段300克，鸡蛋5个，虾泥50克。

🍲 调料

盐、味精、5克姜末、胡椒粉、香油各适量。

🍳 制作方法

1. 虾泥、韭菜段放在小盆内．加5克姜末和少许盐、味精、胡椒粉搅拌上劲，再加鸡蛋液拌匀成韭菜虾糊。
2. 起锅放油，油热倒入韭菜虾糊，煎至两面金黄，捞出沥油即成。

小提示

韭菜虾饼
● 此菜具有增强抵抗力、降糖降脂、利膈宽肠的功效。

炝木瓜丝
● 炝木瓜丝具有开胃去火的功效。

🍲 原料

青木瓜半个，红椒1个。

🍲 调料

葱花、白糖、香油、白醋、盐、色拉油各适量。

🍳 制作方法

1. 将木瓜丝和红椒丝一起放在小盆内。
2. 加入盐拌匀，上面放葱花。
3. 将色拉油和香油入锅上火烧热，浇在葱花上。
4. 用盘子扣住闷约3分钟，拌匀即成。

炝木瓜丝

🍲 原料

竹笋500克，干辣椒5克，大蒜2瓣，花椒数粒。

🍲 调料

姜丝、盐、味精、酱油、白糖、香油、色拉油各适量。

🍳 制作方法

1. 竹笋丝投入沸水锅中汆透，捞起过凉，沥干水分。
2. 锅置中火上，放色拉油烧热，下花椒炸香捞出。再下姜丝、干椒丝、蒜末炸香，投入竹笋丝煸干水分。
3. 加盐、味精、白糖、酱油等调好口味，淋香油，拌匀。盛容器内存放。

炝辣味竹笋

小提示

炝辣味竹笋
● 此菜具有开胃健脾、增强机体免疫力、宽胸利膈的功效。
白菜肉锅贴
● 白菜肉锅贴具有增强抵抗力、通利肠胃、解渴利尿的功效。

白菜肉锅贴

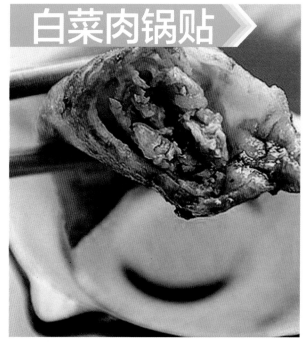

🍲 原料

面粉500克，白菜250克，猪鲜肉馅100克。

🍲 调料

葱末、姜末、盐、鸡精、酱油、香油、食用油、胡椒粉各适量。

🍳 制作方法

1. 猪肉馅放入盆，加入姜末、葱末、盐、胡椒粉、酱油，同方向搅匀后加剁好的白菜和香油，拌成馅。
2. 饧好的面团揉匀后搓条下剂，擀成直径7厘米薄皮，包入馅心，对折成月牙形。按紧边缘，成锅贴生坯。
3. 平底锅刷油，置中火上。摆入锅贴，撒少许面粉，加凉水至淹没锅贴的2/3，再淋入25克油，加盖焖煎至汁干底焦黄时，铲出食用。

海苔花生米

原料

海苔150克，花生仁500克（生）。

调料

盐、色拉油各适量。

制作方法

1. 炒锅上火，放色拉油和花生仁，小火慢慢加热推炒。待花生仁发出"噼叭"声响即接近烹熟，离火略炒后倒在笊篱内沥油。

2. 原锅复上火位。利用锅中余油把海苔焙酥，随后倒入花生仁，加适量盐炒匀后即可盛出取食。

小提示

海苔花生米
● 此菜具有降低胆固醇、延缓人体衰老的功效。

韩式辣泡菜
● 此菜具有消食、疗头痛头晕、提高免疫力的功效。

原料

大白菜1颗，白萝卜1斤，胡萝卜1根。

调料

盐、韩式辣椒酱80克，鱼露40克，虾油80克，砂糖60克，葱段适量。

制作方法

1. 大白菜洗净，沥干水分。切去根部，掰成大片；白萝卜、胡萝卜分别洗净，切粗丝。

2. 在白菜的每一片上抹匀盐，排在盆中，上压一重物，约2小时后用清水漂去盐分，挤干水分。

3. 将打成泥的韩式辣椒酱倒在小盆内，先放入白萝卜丝、胡萝卜丝、葱段拌匀，再放入白菜片拌匀，最后用保鲜膜封口，让其自然发酵两天后即好。

韩式辣泡菜

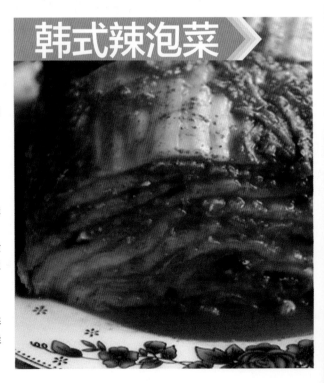

原料

面粉150克，咸蛋黄3枚。

调料

白砂糖10克，酵母3克。

制作方法

1. 饧好的面团放案板上揉光滑，搓成条，下成10个剂子，揉成馒头生坯。
2. 用手指在生坯顶部按一个坑，放入1个咸蛋黄，即成咸蛋黄馒头坯。
3. 依次做完，摆在笼屉上，加盖用旺火蒸10分钟即好。

咸蛋黄馒头

小提示

咸蛋黄馒头
● 咸蛋黄馒头具有保护胃肠道、预防贫血、促进骨骼发育的功效。
雪耳紫米粥
● 雪耳紫米粥具有健脾补胃、增强人体免疫力的功效。

雪耳紫米粥

原料

雪耳200克，紫糯米200克，梨1个，山楂丁20克。

调料

蜂蜜、白糖适量。

制作方法

1. 汤锅上火，入适量水烧沸，下紫糯米、雪耳、梨丁。
2. 旺火烧开，改中火煮至粥黏稠，加蜂蜜、山楂丁、白糖调味，略煮即可。

绿茶腰果

🐷 原料

腰果200克，绿茶粉3克。

🐷 调料

白糖30克，精油400克，盐、水各适量。

🍶 制作方法

1. 锅中放油后下入腰果，边升高油温边浸炸，油温升至二三成热时关火，用余温将腰果炸至淡黄且熟透，捞起沥油。
2. 原锅随余油复上火位，放白糖和25克清水。用手勺不停地推炒至糖融化并起有黏性的白色大泡沫，倒入腰果翻拌均匀，盛入盆中，待糖液固化，边翻拌边撒入绿茶粉，直至裹住原料，晾凉即成。

小提示

绿茶腰果
● 绿茶腰果具有保护心血管、延缓衰老的功效。

肉末酸豆角
● 此菜具有帮助消化、增进食欲、抑制胆碱酶活性的功效。

🐷 原料

酸豆角250克，肉馅150克，红辣椒粒50克。

🐷 调料

盐、味精、水淀粉、香油、色拉油、酱油、葱花、蒜末各适量。

🍶 制作方法

1. 炒锅上火。放色拉油烧热，下葱花、蒜末和红椒粒炒香，放入肉末煸炒酥香。
2. 加酱油、盐、味精和酸豆角翻炒入味，淋水淀粉和香油。炒匀装盘。

肉末酸豆角

夏季篇

🍚 原料

茄子1个、花生米100克、黄豆50克。

🍴 调料

葱、蒜、色拉油、盐、酱油、味精各适量。

🍳 制作方法

1. 茄子削皮洗净，切1厘米见方的丁；蒜剁末；葱切碎花；黄豆入锅用小火焙酥，盛在案板上，用擀面杖擀碎，去皮；花生米用沸水略泡，去皮。
2. 茄丁置笼屉上，加盖，旺火蒸八成熟，取出沥水。
3. 花生米用温油炸成金黄色，捞出拍碎。
4. 炒锅上火，放色拉油烧热。炸香蒜末、葱花，投入茄丁煸炒至无水汽，烹少许酱油略炒上色，加盐、味精调味，撒入花生米碎和黄豆，拌匀晾凉，盛在容器内，封口，随吃随取。

小提示

长生豆茄丁
● 经常吃些茄子，有助于防治高血压、冠心病、动脉硬化和出血性紫癜，保护心血管。此外，茄子还有防治坏血病及促进伤口愈合的功效。

长生豆茄丁 ▶

豆沙吐司卷

🐾 原料

吐司2片，鸡蛋1个，豆沙适量。

🐾 调料

芝麻、蜂蜜、色拉油各少许。

🥄 制作方法

① 吐司片平放在案板上，抹匀一层豆沙馅，然后卷起成卷，逐一卷完。

② 净锅上火，注入色拉油烧至五六成热，将吐司卷挂匀蛋糊，下入油锅中炸至金黄酥脆，捞出沥油。装盘，淋上蜂蜜，撒上芝麻，即成。

小提示

豆沙吐司卷
● 具有提高免疫力、安神除烦、补充能量的功效。

蒜拌苋菜
● 此菜具有清热解毒、增强体质、促进儿童生长发育的功效。

🐾 原料

野苋菜500克，大蒜1头。

🐾 调料

花椒粒、香油、盐、味精、生抽、醋各适量。

🥄 制作方法

① 将苋菜去根，洗净，下入开水锅中焯片刻后捞出，入凉开水中过凉，捞出控水；大蒜切末。

② 苋菜放入小盆，加盐、味精拌匀。上面放蒜末。

③ 锅放油烧热，下花椒炸香捞出，将热油浇在蒜末上，用盘子扣住闷约3分钟，拌匀后食用。

蒜拌苋菜

糟汁莴苣

🐷 原料

莴苣200克，红尖椒50克，百合50克。

🐷 调料

盐、味精、糟汁、白糖各适量。

🥄 制作方法

1. 鲜莴苣削去外皮，切成0.3厘米厚的菱形片；鲜红尖椒洗净，斜刀切马蹄形。
2. 将鲜莴苣片、百合投入到沸水锅中略烫后随即捞出，用纯净水过凉，沥干水分。
3. 将凉开水、糟汁、盐、味精和白糖等调料在一小盆内调成味汁，放入莴苣片、百合和辣椒片，泡约1小时，即可食用。

小提示

糟汁莴苣
● 糟汁莴苣具有开通疏利、消积下气、强壮机体的功效。
菠菜馒头
● 具有促进生长发育、增强抗病能力的功效。

菠菜馒头

🐷 原料

面粉250g，菠菜适量。

🐷 调料

发酵粉3克。

🥄 制作方法

1. 菠菜榨汁与面粉、发酵粉和成面团，静置饧发。将饧好的面团揉光，下成12个小剂子，用手团成馒头生坯，静置约5分钟。
2. 生坯置垫有笼布的屉子上。加盖旺火蒸约8分钟即可。

鸡米黄瓜羹

🎲 原料

熟鸡脯肉20克，黄瓜200克，蛋黄泥、瓜子仁各少许。

🎲 调料

姜丝、盐、胡椒粉、水淀粉、香油各适量。

🔥 制作方法

① 净汤锅上火，加入适量清水烧开，下姜丝、蛋黄泥略滚。

② 下鸡肉粒、黄瓜蓉，烧沸后撇净浮沫。

③ 加盐、胡椒粉调味，用水淀粉勾玻璃芡。

④ 撒瓜籽仁，淋香油，搅匀即成。

小提示

鸡米黄瓜羹
● 具有提高免疫力、安神除烦、补充能量的功效。

百香果冬瓜
● 此菜具有清热解毒、增强体质、促进儿童生长发育的功效。

🎲 原料

冬瓜600克、百香果汁1杯、话梅5粒。

🎲 调料

盐1大匙。

百香果冬瓜

🔥 制作方法

① 冬瓜洗净去皮，切成小块，备用。

② 锅置旺火上，加清水烧开，把冬瓜块放在漏勺上入锅中烫约3秒钟，立即捞出，放在冰水中浸凉。

③ 冬瓜块捞起沥尽水分，放在小盆内，加入盐、话梅和百香果原汁拌匀，腌1个晚上即可食用。

🐷 原料

芹菜200克，红椒丝50克，香干100克。

🐷 调料

盐、味精、食用油、香油各适量。

🍶 制作方法

1. 锅上旺火，加清水和少许油烧沸，投入芹菜节烫至断生，捞出用纯净水过凉，沥尽水分。
2. 把芹菜放入小盆内，先加盐、味精拌匀，腌约3分钟，沥尽汁水。
3. 再放入香干、红椒丝和香油拌匀，即成。

香干拌芹菜

小提示

香干拌芹菜
● 此菜具有平肝降压、镇静安神、健脾开胃的功效。
葱花椒盐饼
● 具有发汗解表、散寒通阳、解毒散凝的功效。

葱花椒盐饼

🐷 原料

面粉350克、鸡蛋1个。

🐷 调料

葱花、花椒盐、食用油各适量。

🍶 制作方法

1. 将饧好的软面团放在撒有面粉的案板上揉匀，擀成大长方片。
2. 抹上一层色拉油，撒上花椒盐和葱末，用手抹匀。
3. 卷起成长条状，然后分成两段。盘成螺旋状，压扁擀薄。
4. 平底锅上火烧热。倒入少量油铺满锅底，摆入饼坯，煎至两面金黄且熟透，铲出食用。

炸排叉

🍳 原料

面粉500克,鸡蛋1个,黑芝麻5克。

🍳 调料

盐12克,植物油500克。

🍢 制作方法

1. 把面粉放盆中,打入鸡蛋,放入盐、水揉搓成面团。
2. 案板撒面粉,将饧好的面团擀成2毫米厚的大片,改刀成长8厘米、宽2厘米的长条。
3. 将长条每两条为一组叠放在一起,用刀顺长边在中间划一刀,把两端分别从正反方向塞进刀口处,再拉出,成麻花状,待用。
4. 锅放油,上中火烧至五六成热,下麻花生坯炸至金黄酥脆且熟透,捞出沥油,装盘即成。

小提示

炸排叉
- 炸排叉是营养物质,主要是碳水化合物,属油脂类、高热量的食品,不宜多吃。

茼蒿豆腐干
- 此菜具有**清热解毒、利水消肿**的功效。

🍳 原料

茼蒿300克,豆腐干丝90克。

🍳 调料

花椒、红椒丝、色拉油、盐、味精各适量。

🍢 制作方法

1. 炒锅上火,放20克色拉油烧热,下花椒和红椒丝炒出香味。
2. 倒入豆腐干丝略炒,加盐炒入味,盛在盆内,晾凉。
3. 再加入茼蒿和味精拌匀,即成。

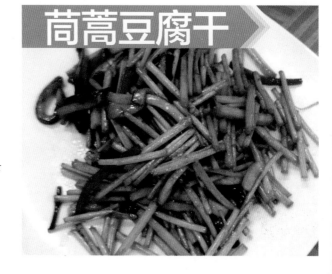

茼蒿豆腐干

五色疙瘩汤

原料

小麦面粉100克，番茄100克，黑木耳10克，鸡蛋1个，小葱花20克，姜末10克。

调料

色拉油、盐、味精、香油、酱油各适量。

制作方法

1. 汤锅上火，放色拉油烧热，炸香葱花、姜末，加入西红柿块和黑木耳略炒，加酱油、盐略烧，加入适量水烧开，倒入鸡蛋液，呈蛋花状。
2. 撒入面疙瘩，煮熟成糊状。
3. 加入适量盐、味精调好口味，淋香油即成。

小提示

五色疙瘩汤
● 此菜具有防治动脉硬化、增强肌体代谢功能的功效。

红柿生菜
● 具有消脂减肥、降脂降压的功效。

红柿生菜

原料

生菜150克、西红柿半个。

调料

葱花、盐、干辣椒段、香油、食用油各适量。

制作方法

1. 把整理好的西红柿块和生菜一起放在小盆内。
2. 起锅热油将葱花、干辣椒段爆香后离火，浇入盆内。加盐、香油拌匀，装盘即成。

尖椒苤蓝

🥘 原料

苤蓝疙瘩1个，尖椒2个。

🥘 调料

香油、盐、味精、白糖、白醋各适量。

🍳 制作方法

1. 将事先准备好的苤蓝丝、尖椒丝共放小盆内。
2. 依次加入盐、味精、白糖、白醋和香油拌匀，装盘。

小提示

尖椒苤蓝
● 尖椒苤蓝有止痛的作用，内含大量水分和膳食纤维，可宽肠通便，防治便秘，排除毒素。

蒜蓉四季豆
● 蒜蓉四季豆化湿而不燥烈，健脾而不滞腻。有调和脏腑、安养精神、益气健脾、消暑化湿和利水消肿的功效。

🥘 原料

四季豆300克，大蒜90克。

🥘 调料

植物油、盐、味精各适量。

🍳 制作方法

1. 四季豆洗净切段，过水焯熟后备用。炒锅上火，放色拉油烧热，下蒜蓉炸至焦黄。
2. 倒入四季豆，加盐和味精炒入味，出锅装盘。

蒜蓉四季豆

翠绿芥蓝

🥘 原料

芥蓝200克，葱白末10克。

🥘 调料

盐、味精、色拉油各适量，白糖少许。

🍳 制作方法

❶ 将色拉油入炒锅内，放葱末，用中火慢慢炸出葱香味，离火放凉。

❷ 芥蓝放开水锅中汆至断生，捞出用冰水过凉，沥水。

❸ 加盐、味精和葱油拌匀，即成。

小提示

翠绿芥蓝
- 此菜具有防秋燥、预防心脏病的功效。

香芋西米粥
- 具有降血脂、补虚损、益肺胃、生津润肤的功效。

香芋西米粥

🥘 原料

香芋约500克，西米100克。

🥘 调料

白糖、牛奶各适量。

🍳 制作方法

❶ 汤锅上火，放入清水烧开，放入香芋和西米。

❷ 用中火煮约半小时至西米完全变为透明，加鲜牛奶和白糖略煮，即食。

木须肉炒饼

原料

葱油饼2张，韭黄200克，鸡蛋3个，猪肉片100克。

调料

色拉油、盐、味精、葱花、蒜片、酱油、鲜汤各适量。

制作方法

1. 炒锅上火炙好，放入色拉油烧热。炸香葱花和蒜片，投入猪肉片炒散，加韭黄炒至断生。
2. 放入约100克鲜汤、酱油、盐和味精，上面铺上饼丝。
3. 加盖焖至汁干时，用锅铲翻炒至均匀入味，倒入鸡蛋液炒匀，淋香油，炒匀即可出锅。

小提示

木须肉炒饼
● 具有清胃涤肠、促进肠道蠕动、补肾养血的功效。

凉瓜炒山药
● 此菜具有清热消暑、养血益气、补肾健脾的功效。

原料

苦瓜片200克，山药片300克。

调料

鲜汤、植物油、盐、鸡精、水淀粉、香油、葱花、姜末各适量。

制作方法

1. 汤锅上火，加适量水烧开。放入苦瓜片、山药片焯透。捞出沥水。
2. 锅置于中火上，放植物油烧热，下葱花和姜末爆香，倒入苦瓜、山药翻炒一会儿，加鲜汤、适量盐和味精，待炒入味，勾少许水淀粉，淋香油，颠匀出锅。

凉瓜炒山药

秋季篇

🐷 原料

大米100克，胡萝卜1根。

🐷 调料

水900毫升。

🔪 制作方法

① 净锅上旺火。加入清水烧开，放大米，再次滚沸后，撇净浮沫，改小火熬煮。

② 胡萝卜切丁，炒锅放油烧热，下胡萝卜丁炒至半熟，离火待用。

③ 待大米粥煮至20分钟时，倒入炒过的胡萝卜丁，续煮至米烂粥稠即成。

小提示

胡萝卜粥

⚫ 美白肌肤、红面色、焕容光、宽中下气、利膈健胃，适用于肠胃消化功能较弱，食欲不佳、面黄无华、皮肤粗糙者。辅食此粥，可利胃肠，令人健食。

胡萝卜粥

煎荷包蛋面汤

原料

面条500克，鸡蛋1个。

调料

葱花、油、盐、酱油、白胡椒粉、香油各适量。

制作方法

1. 平底汤锅上火烧热，放油遍布锅底，磕入1只鸡蛋，待定形后铲起一半蛋白盖在蛋黄上成荷包状。略煎，铲出。

2. 用锅中余油炸香葱花，加入沸水，放湿面条煮至半熟，再放入荷包蛋，加盐、味精、白胡椒粉、酱油调味。略滚，淋香油，即可。

小提示

煎荷包蛋面汤
● 具有健脑益智、保护肝脏、防治动脉硬化的功效。

香芹花生米
● 此菜具有健脾开胃、增进食欲，帮助消化的功效。

原料

芹菜200克，新鲜花生米100克。

调料

花椒、八角、油、盐、干红辣椒、香油各适量。

制作方法

1. 锅上旺火，加入清水，放花生米、花椒、八角、盐和1个干辣椒，煮沸后打去浮沫，改小火煮约12分钟后即可离火，捞出晾凉。

2. 煮好的花生米放入盆，放入焯好的芹菜节、少许盐和香油拌匀即成。

香芹花生米

原料

黄豆芽150克，干辣椒节50克。葱段适量。

调料

花椒、香油、盐、鸡精、油各适量。

制作方法

1. 炒锅上火，放油烧热。下数粒花椒炸煳捞出，再下干辣椒节、葱段炸香。

2. 加黄豆芽翻炒至无水汽，加盐、鸡精炒入味，淋香油即成。

辣味黄豆芽

小提示

辣味黄豆芽
● 此菜具有清热利湿、养气补血、预防高血压的功效。
炒黄金馒头
● 具有保护胃肠道、预防消化不良的功效。

炒黄金馒头

原料

馒头丁200克，鸡蛋3个。

调料

葱花、蒜、盐、味精各适量。

制作方法

1. 把鸡蛋打开，取出蛋黄备用。

2. 将炒锅上火，放色拉油烧热，下鲜蛋黄炒酥，加入葱花、盐炒匀；倒入馒头丁，加盖焖3分钟至软。

3. 边炒边顺锅淋少许油，撒入味精，继续炒至均匀，起锅食用。

腌芥末白菜

🐨 原料

白菜500克。

🐨 调料

食盐3克，酱油适量，香油10克，白糖10克，芥末面50克，白醋5克。

🌶 制作方法

① 将白菜纵切为二。掰开洗净，控干水分，然后在每一片上抹匀盐，排在盆中腌约3小时。

② 芥末面放入盆中，加少量水搅成稀糊状。上笼蒸约10分钟至透，取出，用筷子快速搅拌至出现冲鼻的香辣味，待用。

③ 把蒸好的芥末糊倒在小盆内，加盐、白糖、酱油、白醋调匀，再加适量凉开水调匀成味汁。

④ 把腌好的白菜用凉开水漂洗一遍后控干水分。

⑤ 白菜浸入味汁中，上压一重物。浸泡约3天即成。

小提示

腌芥末白菜
● 腌芥末白菜不但能润肠，促进排毒，还能促进人体对动物蛋白质的吸收，能起到消食通便的功效。

🐷 原料

子姜300克，香葱段50克。

🐷 调料

花椒、八角、色拉油、精盐10克，白糖5克，干朝天椒节、辣椒面、小葱花各适量。

🔪 制作方法

① 子姜放在清水中用钢丝球擦洗干净，切成2毫米厚的片，晾至略干皱时备用。

② 将朝天椒干节和辣椒面放入小盆内，加盐和少许清水搅匀。

③ 同时，净锅置火上，放色拉油烧热，投入花椒、八角炸香捞出。再把热油倒在有辣椒面的小盆内，搅匀晾凉，放入姜片，腌4～5天，拌入香葱段即可食用。

小提示

红油子姜
● 红油子姜可发表散寒、温胃止呕、温肺祛痰。预防外感风寒、发热恶寒、胀满腹泻、胃痛胃寒。

红油子姜 ▷

金丝豆腐羹

原料

豆腐丝100克，胡萝卜丝100克，黄瓜丝50克。

调料

味精、油、盐、香醋、水淀粉、白胡椒粉、香油各适量。

制作方法

1. 汤锅中放适量清水，旺火烧开，下入豆腐丝、胡萝卜丝和白胡椒粉略滚。
2. 调入盐、味精，用水淀粉勾玻璃芡，加香油、香醋和黄瓜丝，搅匀即成。

小提示

金丝豆腐羹
- 此菜具有预防心血管疾病、补益清热养生、预防骨质疏松的功效。

黄豆辣腐干
- 此菜具有防止血管硬化、降糖、降脂、美白护肤的功效。

原料

黄豆50克，豆腐干100克，朝天椒段30克，玉米粒10克。。

调料

花椒、盐、油、干辣椒节、味精各适量。

制作方法

1. 黄豆和玉米粒在前一天晚上用清水浸泡透。豆腐干切成小丁。
2. 泡好的黄豆、玉米粒和切好的豆腐干丁入锅，加清水、花椒和盐，中火煮熟入味。捞出沥汁。
3. 炒锅入油烧热，下花椒炸香捞出，离火，下干辣椒节和朝天椒段炒出辣味，盛小盆内晾凉。
4. 放入豆腐干丁、黄豆、玉米粒、盐和味精拌匀，即可装盘。

黄豆辣腐干

原料

黄瓜段200克。

调料

白糖、醋、淀粉、生抽、盐、蒜末、菜椒、香菜叶、色拉油各适量。

制作方法

1. 黄瓜洗净切段，菜椒切条。
2. 黄瓜段和菜椒条放入盆，加盐拌匀，腌约5分钟，沥汁。
3. 炒锅上火，放色拉油烧热，下蒜末炸香，再同油一起倒在盛黄瓜的小盆内；加白糖和醋拌匀，静置5分钟，撒香菜叶装盘即可。

糖醋黄瓜

小提示

糖醋黄瓜
- 此菜具有抗衰老的功效。

鱼片粥
- 鱼片粥具有健脑益智、降低血脂、抗动脉硬化的功效。

鱼片粥

原料

鱼片100克，大米100克，枸杞子10克。

调料

葱花、姜汁、盐、干淀粉。

制作方法

1. 鱼肉片加姜汁、盐和干淀粉，抓拌均匀，备用。
2. 净锅加水烧开，入大米再次烧开。转小火煮40分钟，至米烂粥稠。
3. 分散下入鱼片，下入枸杞子，加盐调味，续煮约3分钟，撒入葱花即成。

炸菜角

🥢 原料

面粉260克，韭菜110克，鸡蛋4个，粉条50克。

🥢 调料

姜末、盐、味精、五香粉、酱油、食用油。

🥢 制作方法

1. 水发粉条，切小段，韭菜洗净切碎，鸡蛋炒小块一起放入小盆内，加入姜末、酱油、盐、味精、五香粉和香油等，拌匀成馅料。
2. 饧好的面团下成相同的剂子，擀椭圆形薄片。
3. 中间放适量馅料对折，按紧边缘成生坯，逐一包完。
4. 投入到五六成热油锅中炸至金黄熟透，捞出沥油即成。

小提示

炸菜角
● 炸菜角具有益肝健胃、行气理血、润肠通便、增进胃肠蠕动、健脑益智、保护肝脏、防治动脉硬化的功效。

原料

羊脸肉200克，韭薹段100克。

调料

红椒丝、香菜叶、韭花酱、蒜泥、盐、味精、生抽、香油各适量。

制作方法

韭薹拌羊脸

1. 将韭薹段投入到沸水锅中汆至断生，捞出过凉，沥尽水分。
2. 将熟羊脸肉片入小盆，放韭薹段、红椒丝、香菜叶、韭花酱、蒜泥、盐、味精、生抽和香油等拌匀，装盘。

小提示

韭薹拌羊脸
- 此菜具有补气滋阴、暖中补虚、开胃健力的功效。

丝瓜炒腊肉
- 丝瓜具有清热泻火、凉血解毒、通经活络等功效。

丝瓜炒腊肉

原料

丝瓜300克，腊猪肉丝300克，西红柿1个。

调料

色拉油、葱花、白糖、盐、味精各适量。

制作方法

1. 汤锅上火，入清水烧开，下入腊猪肉丝汆一下。捞出沥水。
2. 炒锅上中火，放色拉油烧热，下葱花和腊肉丝煸炒出香味，放丝瓜和切碎的西红柿块略炒。
3. 加入白糖和适量盐、味精，炒至入味，起锅装盘。

粉蒸芋头茼蒿

🍲 原料

芋头300克，蒸肉米粉80克，茼蒿段50克。

🍲 调料

盐、蒜蓉辣酱、胡椒粉、味精、五香粉、干淀粉、花生油、葱末、香菜末、红椒粒各适量。

🥄 制作方法

1. 将芋头块放在小盆内，加入盐、蒜蓉辣酱、胡椒粉、味精、五香粉、蒸肉米粉（70克）和适量熟花生油拌匀。
2. 茼蒿段与盐、味精、剩余的蒸肉米粉和干淀粉拌匀。
3. 取一大圆盘，先放入拌味的芋头块，入笼用大火蒸约10分钟。揭盖，再放入茼蒿蒸约5分钟，取出。
4. 撒上葱末、香菜末和红椒粒，最后浇上烧热的色拉油即成。

> **小提示**
>
> 粉蒸芋头茼蒿
> ● 粉蒸芋头茼蒿具有增强免疫力、洁齿防龋、美容乌发、补中益气、美化肌肤、通肠健胃的功效。

冬季篇

🍖 **原料**

面粉500克。

🍖 **调料**

白糖、油、盐、五香粉、芝麻、食用油各适量。

🍳 **制作方法**

① 白糖放入碗内，加热水搅匀待用。

② 将面团下成小剂子，再将每个小剂子擀成厚约3毫米的长条。

③ 每个长条上先刷上一层食用油，再撒上盐和五香粉，卷成卷，立起按扁，擀成牛舌状。

④ 逐一做完，码在烤盘上，刷上糖水，蘸上芝麻，入预热至180℃~200℃的烤箱内烤约12分钟即成。

小提示

牛舌五香饼
● 牛舌五香饼具有补益脾胃、补气养血、补虚益精、消渴之功效，适宜于病后虚羸、气血不足、营养不良、脾胃薄弱之人。

牛舌五香饼

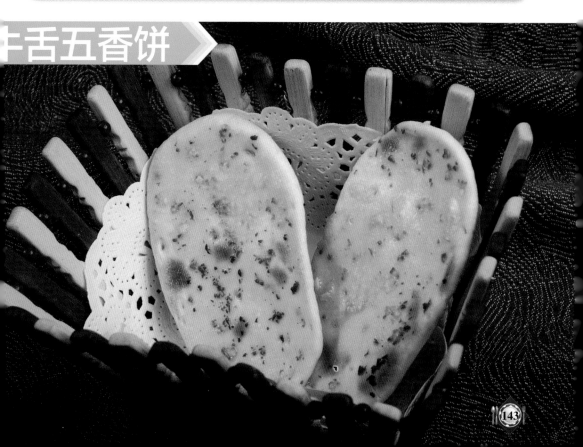

炝胡萝卜丝

🦪 原料

胡萝卜丝200克。

🦪 调料

香醋10克，精盐1克，色拉油5克，葱花、姜末、蒜末各适量。

🍳 制作方法

① 胡萝卜丝入小盆，加盐拌匀，腌5分钟。
② 炒锅上火，放色拉油烧热，投入葱花、姜末、蒜末慢慢炸黄，连同油一起倒入胡萝卜丝内，加味精拌匀即成。

小提示

炝胡萝卜丝
● 此菜具有增强抵抗力、降糖降脂、明目的功效。

爆炒空心菜
● 此菜具有降脂减肥、美白护肤的功效。

🦪 原料

空心菜茎500克。

🦪 调料

葱花、蒜末、干辣椒丝、味精、油、盐各适量。

🍳 制作方法

① 空心菜洗净，茎切段，叶单放备用。
② 炒锅上旺火，放入空心菜茎炒至收缩，加空心菜叶续炒至出水，倒在漏勺上沥净汁水。
③ 炒锅重新上火热油，放入葱花、蒜末和干辣椒丝炸香，放入空心菜，边翻炒边加入盐、味精，待入味时淋香油。出锅装盘。

爆炒空心菜

羊肉粥

🐷 原料

羊肉150克，大米100克。

🐷 调料

盐5克，胡椒粉3克，香葱末2克，姜丝2克。

🐷 制作方法

1. 汤锅上旺火，加入清水，放入羊肉末、姜丝、大米和胡椒粉。
2. 待滚开后转中火煮约40分钟至米烂粥稠时，调入盐，撒香葱末即成。

小提示

羊肉粥
● 羊肉粥具有暖脾胃、散风寒、增食欲的功效。

椒油土豆片
● 此菜具有排毒瘦身、增强免疫力、降低血压的功效。

椒油土豆片

🐷 原料

土豆片200克，青红尖椒圈100克。

🐷 调料

葱花、花椒、食盐、味精、白糖、白醋、食用油各适量。

🐷 制作方法

1. 炒锅上旺火炙热，放油和花椒，待其出香味时捞出花椒，下葱花炸香。
2. 倒入土豆片和青椒圈不停地翻炒，烹白醋，加盐和味精，待断生入味即可出锅装盘。

酱肉胡瓜饼

🐨 原料

酱牛肉丁100克，胡瓜丁150克，面粉100克。

🐨 调料

葱花、盐、味精、白胡椒粉、香油、酱油各适量。

🐨 制作方法

1. 酱牛肉丁、胡瓜丁放在盆内，加入葱花和适量盐、味精、白胡椒粉等拌匀，再加香油和酱油拌匀成馅料。
2. 将发酵面团揉光，下成剂子，再将每个剂子包入适量馅料，制成圆饼状生坯。
3. 平底锅上火烧热，锅底抹油，排入饼坯。
4. 中火煎至两面金黄且熟透时，铲出食用。

> **小提示**　酱肉胡瓜饼
> ● 酱肉胡瓜饼具有抗衰老、减肥强体、健脑安神、降低血糖、改善缺铁性贫血的功效。

原料

大米75克，黑木耳70克，红枣30克。

调料

白糖适量。

制作方法

1. 汤锅上火，加入适量清水烧开，下红枣、大米和黑木耳熬煮。
2. 旺火烧沸后打去浮沫，改小火煮至米烂粥稠，加白糖调味，略滚即成。

大枣木耳粥

小提示

> 大枣木耳粥
> ● 红枣木耳粥具益胃、活血、润燥、补血的功效。
> 黑芝麻炒饭
> ● 黑芝麻炒饭具有补钙、美容养颜、乌发、美肤的功效。

黑芝麻炒饭

原料

鸡蛋50克，黑芝麻50克，白米饭100克，西红柿1个。

调料

色拉油、葱花、盐、味精各适量。

制作方法

1. 炒锅上火，放少许色拉油，下处理过的西红柿丁和少许盐炒至金黄焦脆，盛出。
2. 炒锅重上火，放油烧热，放入鸡蛋液炒至八成熟。
3. 倒入白米饭，转小火用手勺不停地推炒，加葱花、盐和味精。
4. 待炒透入味，撒黑芝麻，继续翻炒均匀，即可出锅食用。

生炒茄丝

原料

茄丝200克。

调料

色拉油、盐、彩椒丝、蒜末、葱花、香油、味精各适量。

制作方法

1. 炒锅上旺火，放色拉油烧热，炸香蒜末和葱花，投入茄丝、彩椒丝，快速翻炒至断生。
2. 加盐、味精调味，滴香油，炒匀装盘。

小提示

生炒茄丝
● 此菜具有抗衰老、保护心血管的功效。

山菌粥
● 山菌粥具有提高人体解毒的功效。

原料

大米150克，鲜香菇丁、鲜茶树菇丁、鲜草菇丁各50克。

调料

精盐、葱花、清水、油各适量。

制作方法

1. 汤锅置旺火上，加入适量清水烧开，下大米和各种山菌丁。
2. 待滚沸后撇净浮沫，加入色拉油，转小火煮成稀粥，加葱花和盐略煮即成。

山菌粥

🐨 原料

洋葱1000克。

🐨 调料

橄榄油50克，白醋200克，白砂糖50克，鱼露5克，高粱白酒3克，辣椒5克，盐3克，味精3克。

🍳 制作方法

1. 洋葱剥外皮，一切两半，剖面朝下，用刀横着切粗丝，抖散，放入小盆内，静置约15分钟，待用。

2. 取一个广口玻璃瓶，擦干水，依次放入橄榄油、味精、白糖、白醋、鱼露、高粱白酒和盐，加盖晃匀。

3. 放入洋葱丝，用筷子填实，使味汁没过洋葱丝，拧紧盖子，腌约24小时即可取食。

小提示

日式腌洋葱

● 洋葱性温，味辛甘。有祛痰、利尿、健胃润肠、解毒杀虫等功能，洋葱提取物还具有杀菌作用，可提高胃肠道张力、增加消化道分泌作用。

日式腌洋葱 ▷

豆香秋叶包

🥢 原料

面粉500克，豌豆泥200克，柿饼丁100克。

🥢 调料

色拉油25克，白糖75克，泡打粉5克，干酵母5克。

🍳 制作方法

1. 净锅上火，放色拉油烧热，倒入豌豆泥翻炒至无水汽，加入白糖续炒至起沙，放入柿饼丁炒匀，出锅晾凉，即成馅料。

2. 将发酵的面团揉好，下成重约25克的剂子，按成椭圆形，放适量豌豆馅，对折，收口处捏出麦穗形，即成"豆香秋叶包"生坯，依法逐一包完。

3. 逐个摆在笼屉上，旺火蒸约12分钟至熟透，即成。

> **小提示**
>
> 豆香秋叶包
> ● 豆香秋叶包具有保持血管弹性、益智健脑、预防脂肪肝形成、益中气、止泻痢、降血压的功效。

木耳炒白菜

原料

白菜片150克，木耳100克。

调料

花椒、葱花、姜丝、酱油、醋、盐、色拉油、鸡精各适量。

制作方法

1. 炒锅上旺火，放适量色拉油烧热，下花椒炸香捞出，再下葱花和姜丝炸香。
2. 倒入处理过的木耳和白菜片快速翻炒，加盐、酱油，炒熟入味。
3. 淋香油，翻匀出锅。

小提示

木耳炒白菜
● 此菜具有增强机体免疫力、促进排毒、护肤养颜的功效。
杭椒豆干
● 此菜具有预防心血管疾病、缓解食欲不振、补益清热的功效。

杭椒豆干

原料

豆干2块，杭椒5个。

调料

葱、盐、味精、老抽、香油、色拉油各适量。

制作方法

1. 豆干洗净、切条，杭椒去籽、切丝。
2. 炒锅上中火炙好，放适量色拉油，入豆干条翻炒。加入杭椒丝、葱花再炒一会，加入鲜汤。
3. 加盐、味精和老抽调好色味，待炒至汁少时，淋香油，起锅装盘。

猪肚粥

🦐 原料

猪肚丝200克，大米400克，白果50克。

🦐 调料

盐、胡椒粉、姜丝各适量。

🦐 制作方法

① 汤锅上火，加入适量清水，放肚丝、大米和白果。

② 以旺火烧开，改小火煮至肚烂粥黏稠。

③ 撒入姜丝、盐和胡椒粉，略煮即成。

小提示
猪肚粥
● 猪肚含有丰富的蛋白质、脂肪、钙、磷、铁、B族维生素等营养物质。中医认为，猪肚味甘，性微温，具有补虚损、健脾胃的功效。